Understanding Human Nature

西方心理学名著译丛

理解人性

【奥地利】阿尔弗雷德·阿德勒　著
　　　　陈刚　陈旭　译
　　　　　　冯川　一校
　　柴晚锁　吴维中　二校

北京大学出版社
PEKING UNIVERSITY PRESS

图书在版编目(CIP)数据

理解人性 /(奥)阿尔弗雷德·阿德勒著;陈刚,陈旭译. —北京:北京大学出版社,2019.10

(西方心理学名著译丛)

ISBN 978-7-301-30553-9

Ⅰ.①理… Ⅱ.①阿…②陈…③陈… Ⅲ.①个性心理学－研究 Ⅳ.①B848

中国版本图书馆 CIP 数据核字(2019)第 111964 号

书　　　名	理解人性
	LIJIE RENXING
著作责任者	［奥地利］阿尔弗雷德·阿德勒　著　陈刚　陈旭　译
	冯川　一校　柴晚锁　吴维中　二校
丛 书 策 划	周雁翎　陈　静
丛 书 主 持	陈　静
责 任 编 辑	陈　静
标 准 书 号	ISBN 978-7-301-30553-9
出 版 发 行	北京大学出版社
地　　　址	北京市海淀区成府路 205 号　100871
网　　　址	http://www.pup.cn　新浪微博:@ 北京大学出版社
微信公众号	通识书苑(微信号:sartspku)　科学元典(微信号:kexueyuandian)
电 子 邮 箱	编辑部 jyzx@ pup.cn　总编室 zpup@ pup.cn
电　　　话	邮购部 010-62752015　发行部 010-62750672　编辑部 010-62707542
印 刷 者	北京鑫海金澳胶印有限公司
经 销 者	新华书店
	720 毫米×1020 毫米　16 开本　17.75 印张　170 千字
	2019 年 10 月第 1 版　2024 年 6 月第 3 次印刷
定　　　价	59.00 元

未经许可,不得以任何方式复制或抄袭本书之部分或全部内容。

版权所有,侵权必究

举报电话:010-62752024　电子邮箱:fd@pup.cn

图书如有印装质量问题,请与出版部联系,电话:010-62756370

目　录

中译本序 …………………………………………………… （1）
作　者　序 ………………………………………………… （1）
导　　　言 ………………………………………………… （3）

上篇　人的行为

第 1 章　精神 ……………………………………………… （3）
第 2 章　精神生活的社会性 ……………………………… （13）
第 3 章　儿童与社会 ……………………………………… （20）
第 4 章　我们生活的世界 ………………………………… （30）
第 5 章　自卑感与追求认同 ……………………………… （52）
第 6 章　人生准备 ………………………………………… （72）
第 7 章　两性角色 ………………………………………… （98）
第 8 章　家庭星座图 ……………………………………… （125）

下篇　性格科学

第 9 章　概论 ……………………………………………… （137）

第 10 章　攻击型性格特征 …………………………………（163）

第 11 章　非攻击型性格特征 ………………………………（200）

第 12 章　性格的其他表现形式 ……………………………（218）

第 13 章　情感和情绪 ………………………………………（231）

附　　录 ………………………………………………………（244）

中 译 本 序

《理解人性》一书的作者阿尔弗雷德·阿德勒(Alfred Adler,1870—1937)是有世界性影响力的奥地利心理学家、精神病学家和社会教育家。他所开创的个体心理学在心理学领域中独树一帜,曾经在西方各国有巨大的影响,并不同程度地对荣格、霍妮、弗洛姆、沙利文、罗洛·梅、罗杰斯等著名心理学家有过启发。直到今天,在心理学领域和精神病领域,仍有不少人沿用阿德勒的理论和方法进行研究和治疗。至于他所提出的自卑情结、补偿机制、权力追求等概念,更是深深渗透到现代西方文化和一般人的科学常识之中。

阿德勒1870年2月7日出生在维也纳郊区,早年习医,1895年获维也纳医学院医学博士学位。他最初致力于精神病的病理研究,1902年开始与弗洛伊德密切合作,但不久两人就在思想理论上发生分歧。1911年阿德勒与弗洛伊德分道扬镳后,开始创立自己的学派和刊物。他开创的个体心理学学派吸引了众多的学生和追随者,一度在欧洲各地成立了三十四个地方学会。1954年,多个国家(包括奥地利、英国、荷兰、瑞士、美国等国)的个体心理学学会重新组建了个体心理学的国际协会,至此阿德勒的世界性影响已不容忽视。1925年以后,阿德勒经常访问美国,并于1935年定居美国。1937年5月28日,阿德勒

在旅行讲学途中死于苏格兰的阿伯丁。

阿德勒毕生关心人的成长和社会教育,并以此作为他工作的动力。1919年,他在维也纳创办了学校系统中第一所儿童指导诊所;不久在他的领导下又有三十多所儿童指导诊所建立。他和他的学生们为此付出很多,他们不要任何报酬地从事儿童的心理指导和实验观测,在帮助儿童健康成长的同时,取得了大量第一手资料和心理治疗的成果。当意识到心理指导和心理教育也应普遍地面向成人后,阿德勒开始在维也纳人民学院的露天讲坛面向公众讲演,并十分温和且耐心地回答人们向他提出的无数问题。这每周一次的讲演持续了整整一年,讲稿汇集起来并经过整理加工,就成了摆在我们面前的这部著作——《理解人性》。

阿德勒个体心理学的基本概念是自卑情结、补偿机制和个人对权力感与优越感的追求。他认为儿童在很小的时候,便会由于器官的缺陷和自身的软弱与不足而产生自卑感;为了对抗这种自卑感,儿童几乎不可避免地要追求自觉优越于他人来获得心理上的补偿,由此便在尔后的生活中发展起对权力和优越感的追求,即通过凌驾于他人之上、取得对他人的支配地位来获得个人心理上的满足。

从这一基本观点出发,阿德勒对人的性格进行了剖析。他认为:尽管对权力和优越感的追求是大多数人的基本内在动力,但每个人却是以不同的方式来体现这一过程的,由此便产生了人的性格的多样性和复杂性。一般来说,个人对权力和优越感的追求,在社会中必然会遭到他人的反对,因此这种追求往往会改头换面,以迂回曲折的方式来达到目的。幸而生活为此提

供了宽广的舞台,每个人在生活中都能以自己独特的方式,通过扮演不同的角色而不同程度地接近自己的目标,由此便形成了人的独特个性。阿德勒认为:个性是独特的,一个人的性格结构就是他的生活方式;个性结构既包括个人所要达到的独特目标,又包括他为实现这一目标所采用的独特方式。对权力和优越感的追求仅仅是一种理论上的概括,在实际生活中,个人的追求都是具体而独特的。举例而言,儿童既可以把取得优异的学习成绩作为自己的追求目标,并以此获得父母的偏爱和自觉优越于他人的满足,也可以通过生病和学习上的失败来逃避自己面临的困难,并更多地赢得父母的担忧和关注,或以体弱多病的特权来支配他人。由于家庭和学校的教育,前一种目标往往是儿童自觉意识到的目标,而后一种目标往往是儿童未曾自觉意识到的目标。如果说在前一种情形中儿童对权力和优越感的追求表现得较为直接,那么在后一种情形下,这种追求则表现得间接、隐晦、迂回曲折。而由于目标的不同和追求目标的方式不同,这两种儿童的性格结构也就完全不同,前者往往被视为正常性格,而后者通常被视为病态性格。

阿德勒强调人的心理或性格结构是一个目标一致的有机统一体,理解其复杂的性格结构的关键,在于发现其暗藏的目标,而为了发现这一暗藏的目标,则必须尽可能全面地了解这个人的过去和现在。他主张以个人生活中的若干典型事件为坐标点,以连接这些坐标点的曲线作为个人的性格图式,由此揭示出个人潜在的心理指向。与弗洛伊德不同的是,阿德勒不是一个生物决定论者,而是一个社会目的论者。虽然他也承认,人的生物性需要会通过各种方式求得满足,但他同时强调:人是社会

存在者,是处在与他人的关系中并感受到社会生活对他提出的要求和压力的。在弗洛伊德看来,性格的决定因素是客观生物学因素,特别是性本能、性驱力,而在阿德勒看来,性格的决定因素是统一在生活目的之下的主观心理因素,如世界观、价值观等。

因此,阿德勒十分注重个人的人生观、价值观在性格形成的过程中所起的作用。在他看来,病态的、不健全的性格,是在错误的环境影响和教育下,通过确立错误的人生观、价值观而逐渐形成的。某些错误的社会价值,如对权力的追求,对优越于他人的追求,对取得支配地位的追求,通过家庭的影响和学校的教育,在人的童年时代便植根于个人性格之中,成为顽固的主导倾向,由此而发展出虚荣与骄矜、嫉妒与贪婪、仇恨与专横等性格特征。而那些在追求权力和优越感的角逐中遭到挫败的个人,往往变得不求进取、软弱游移、焦虑彷徨、奴性十足……这种人往往玩弄种种性格把戏,一方面为自己的失败寻找借口,逃避自己所应承担的义务和责任,一方面通过成为他人的包袱、累赘和障碍来破坏他人的生活,满足自己的攻击欲。阿德勒认为:上述性格特征,由于违背了社会生活的根本原则,逃避了社会生活向人们提出的要求,因而必然要遭到惩罚和挫折。具有上述性格特征的人不可能从生活中获得幸福与满足:他们的性格是畸形的,他们的成功是暂时的、有限的;在不能与生活和谐一致的情况下,他们的自卑感会不断强化,他们追求权力、追求优越感与补偿的野心会无限膨胀,最终只会遭到更大的挫折和失败。

阿德勒强调人的社会性与社会感。他认为:人是社会化了的存在物,人的社会性不仅表现为人不能脱离社会而生活、成长,而且表现为人有天生的社会感。社会感表现为对社会的关心和对他人的同情与关注。它是文明的奠基石,是人类所有伟大成就的基础,也是把人与人联系在一起的天然纽带。他认为:人天生具有同情(或移情)的能力,能够设身处地地感受他人的心情和处境,能够主动地分担他人的痛苦与欢乐;它推动个人去与他人建立起和谐的、理性的、人道主义的相互关系,并以此为动力去为社会进步和公共福利做出贡献。阿德勒认为:人对自己的同胞是有责任和义务的,他应该致力于与他人建立一种平等的伙伴关系,互相关心,互相帮助。他认为社会感是衡量一个人心理是否健康、人格是否成熟的重要标志。社会感除表现为对他人的同情、关心和帮助外,还表现为爱与温情。爱与温情发端于幼儿和童年时期的母子关系,它最好地反映出人的天生的社会感,并有可能在尔后的生活中,从家庭成员扩及他人、扩及社会乃至扩及整个宇宙。阿德勒认为,人的社会感是天生的,在良好的环境影响(包括家庭影响和学校教育)下是会健康成长的。他反对用强迫、压制和束缚个性的方法来发展人的社会性与社会感,认为这只会造成表面的顺从和潜在的敌意。

在阿德勒看来,一个关心社会的正常人,通过积极投身于社会生活中有益的事业,通过积极为社会进步和公共福利做出贡献,就会得到补偿,就能有效地克服自卑感。而一个有病态倾向的人,由于只关心自己、不关心他人,因而很容易感受到冷落、挫折和被人忽视,其结果必然是自尊心日益敏感、自卑感不断增加。这种人寻求补偿的倾向必然会恶性膨胀;他们对权力和优越感的过分追求必然或多或少地显示出对他人的攻击性;而在遭到他人的抵制或反对时,这种人不是致力于征服他人,便是倾

向于毁灭自己。

　　说到毁灭自己,阿德勒的看法是:每个人虽然都有自己的内在目标以及实现这一目标的方式,但多数人却不能充分意识到自己的目标与实现目标的方式,他们被内在的无意识力量驱使,出于自己尚不明了的心理需要而追求自己未明确意识到的东西。这些人的性格不仅对他人,而且对自己来说都是不可解的谜,他们的命运掌握在人格中那些盲目的驱动力手中。因此,那些对自己缺乏认识的人,那些不懂得人性科学的人,那些对人性缺乏理解的人,最终往往成为自己命运(实际即自己性格)的牺牲品。因此,阿德勒写作《理解人性》一书的基本动机之一,是要使人们自觉地掌握和运用关于人性的科学,获得对自己和他人的理解,从而更好地掌握自己的命运。

冯　川

作者序

本书旨在使公众了解个体心理学的基本原理。与此同时，也旨在向人们展示如何将这些原理用于处理日常生活中的各种关系，不仅包括与世界的关系，与同伴的关系，还包括自己个人生活与社会活动方面的各种关系。

本书以我在维也纳人民学院所做的为时一年的讲演为基础。讲演时的听众成千上万，他们年龄各异、职业有别。

本书的目的是要指出个人的错误行为如何影响我们的社会与社区生活的和谐性，并进一步教会个体去识别自身的错误，最后使他认识到他可以为社会生活的臻于和谐出一分力。生活行为中的错误常会危及生活本身，本书正是要致力于照亮人类通往更好地了解人性的前进道路。

阿尔弗雷德·阿德勒

阿尔弗雷德·阿德勒（Alfred Adler, 1870—1937）

导　言

> 人的命运蕴藏于他的灵魂之中。
> ——希罗多德（古希腊作家、历史学家）

人性这门科学容不得过度的轻狂和傲慢。恰恰相反，从事这一行的科学家，身上无不打有谦逊自知的烙印。人性这一难题给我们提出了一个巨大的任务，自古以来对这一问题的解决是我们的文化要达到的目标。从事这门科学的目的绝不是造就某些应时的专家。让人人都懂得和理解人性，才是这门科学的正确目标。而这正是学院派研究者的软肋，因为他们将研究视为科学界的独家专利。

由于我们在生活中彼此分隔，我们中没有谁能对人性了解得足够透彻。古代人们的生活方式，不像现代这般，各自相对独立。在我们的幼年时期，因为家族的保护，我们与人类社会极少有联系。我们整个的生活方式也禁止我们与周围同胞有那种必需的、亲昵的接触，虽然这种接触对于形成和发展理解人性的科学与艺术必不可少。由于我们未能与同胞有足够的接触，我们对待他们的行为往往是错误的，我们的判断往往是不正确的，而这仅仅是因为我们并未充分地理解人性。一句经常被人们重复

的老话说:"人与人之间天天见面,点头招呼,谈话聊天,彼此之间却并没有什么真正的接触,因为都把对方视为陌生的路人。"这种情形不仅见于社会,而且见于家庭这一狭窄的圈子。我们最常听见的抱怨,就是父母抱怨说不理解孩子,或者孩子抱怨说父母不理解自己。我们对待同胞的态度取决于我们对同胞的理解程度,因此,社会关系的基础便建立在理解同胞的绝对必要性上。如果人拥有的人性知识相对令人满意,则人与人之间的相处将会相对容易。这样,紊乱的社会关系便能够避免。因为我们深知,不幸的冲突只有在我们相互不理解,并被表面的谎言所欺骗时才可能发生。

现在,我们的目的是要说明:为什么把握这一难题需要从医学的角度出发,并以为这一庞大的领域奠定一门精确科学的基础为目的。我们还要弄清:这门人性科学的前提是什么,它必须解决的问题是什么,我们渴望从中得到什么样的结果。

首先,精神病学已经成为一门需要涉及大量人性知识的科学。精神病医生必须尽可能快、尽可能准地洞察到神经症患者的心灵。在这一特殊领域,一位医生只有在对患者心灵深处所发生的事相当有把握的时候,才能有效地做出判断,开出处方,进行治疗。平庸肤浅、一知半解在这里没有地位。错误的判断会迅速遭到应有的惩罚,而正确的理解则会从治疗的成功中获得荣耀。换句话说,我们的人性知识在这里将得到有效的检验。在日常生活中,对他人所做的错误判断不一定导致像戏剧一般立刻显现的后果,因为这些后果很可能要在错误犯下之后很久才显现出来,以至于轻易发现不了两者之间的联系。我们常常惊讶地发现:对一个人的错误评价所带来的严重后果,居然几十年后才显露出来。从这种不幸的情形中,我们懂得每个人都有必要且有责任去掌握关于人性的正确知识。

对于精神病的研究证明:精神病患者身上的种种心理变态、心理情结和心理失调在结构上与正常个体的心理活动基本上没有什么不同。我们所见到的是同样的构成要素、同样的前提条件、同样的活动变化。唯一的差别是:在精神病患者身上,它们表现得较为明显,更容易被识别发现。这一发现的好处在于:我们可以从变态的案例中得到启示,使我们的眼光变得敏锐,去发现正常心理生活中的相关活动变化和性格特征。这里所需要的,不过是每一种职业都需要的:相关训练、热情和耐心。

最初的伟大发现是这样:精神生活结构中最重要的决定因素发生于童年伊始。然而这并不是什么惊天大发现,所有时代的伟大研究者都曾有过类似的发现。真正创新的贡献在于:现在我们能够在力所能及的程度上,把儿童时代的经验、印象和态度与往后的精神生活现象连接在一个确定无疑的、前后关联的模式中。以这种方式,我们就能够将某一个体童年时期的经验态度与其成人之后的经验态度进行比较。在这样的比较中,我们有了重要的发现,即绝不可把心理生活的任何一种个别表现视为就是全部。只有将之视为一个完整人格中的某些局部方面,才能理解这些个别的表现;只有当我们能够判断它们在心理活动的总趋势中和在总的行为模式中所处的地位的时候,只有当我们能够发现个人的整个生活方式并真正弄清他的童年态度的隐秘目标即等于他成年期的态度的时候,才能对这些个别表现做出评估。简言之,它令人惊讶却又清清楚楚地表明:从心理活动的观点看，人类心灵活动的本质根本没有发生任何变化。某一心理现象的外在形式及其具象化、语言化的形式可能会发生变化，但其基本要素、其目标、其动力，所有那些将心理生活指引向其最终目标的东西，则始终保持不变。一个成年的患者，他所具有的那种焦虑性格，他那始终充满怀疑和不信任的心理，他那种不遗余力地把自己孤立于社会之外的做法，都清晰地表明：早在三四岁时，他便具有同样的性格特征和心理活动，而由于童年时期的单纯，这些性格特征和心理倾向能得到更加明晰的解释。因此，我们总结出一个规则：**将研究重心放在患者的童年，如此一来我们也便掌握了一门艺术，那就是，只要了解了他的童年，即使不告诉我们一个成年人的性格特征，我们也能大体做出判断。**我们把他成年后显示出来的那些性格特征，视为他童年经历的直接投射（projection）。

当我们了解病人童年时期那些生动的记忆，并知道如何正确地对此做出解释的时候，就能高度准确地重建病人现在的性格模式。我们很清楚，一个人很难偏离他童年时代养成的行为方式。几乎没有什么人能够改变童年时的行为模式，尽管在成年期他们已经置身于完全不同的处境之中。成年期心态的改变并不一定标志着行为模式的改变，因为心理生活的基础并未改变，个人在童年期和成年期均保持着同样的行为轨迹。这种情形促使我们做出推论：他的人生目标也是不变的。如果我们希望改变成年期的行为模式，那么，就有必要把注意力集中于童年期的经验。改变个体在成年期的无数经验和印象是不起什么作用的，真正需要的是发现病人的基本行为模式。一旦掌握了这一点，我们就能知道他的基本性格，并能对他的疾病做出正确的解释。

这样,对儿童精神生活的考察便成了我们这门科学的支撑点,相当多的研究工作都致力于研究生命的最初几年。在这一领域中有这样多从未被触及、从未被探究的材料,以致任何人都可能发现新的、有价值的资料,这些资料对于人性研究将具有巨大的用途。

由于我们的研究并不是以自身为目的,而是为了人类的利益,所以,一种防止性格缺陷的方法业已同步形成。无心插柳柳成荫,我们的研究进入了教育学领域,多年来已经对教育这门学科做出了贡献。对任何希望在其中进行尝试,并把他在人性研究中所发现的有价值的东西应用于其中的人来说,教育学乃是真正的无主财富。因为教育学如同人性科学一样,无法仅靠从书本中获得知识,必须从生活实践中获得。

我们必须使自己对精神生活中的每一种表现都感同身受,使我们自己置身其中,与人们共同体验他们的欢乐和悲哀,就像一个优秀的画家把他从某人身上感受到的那些性格特征画进此人的肖像中去一样。人性科学应被视为一门艺术,它有许多可供我们使用的工具,并与所有其他的艺术紧密相关且对它们有用。特别在文学和诗歌领域,它更具有不同寻常的重要性。它的首要目的必须是帮助我们更好地了解人这个物种。也就是说,它必须保证能使我们每个人在心理发育方面都能做得更好、更成熟。

最大的困难之一是,我们经常发现人们恰恰在理解人性这一问题上表现得极其敏感。除了极少数人以外,大多数人都认为自己是这门科学的大师,哪怕事实上他们在这方面几乎没有

什么研究；而一旦要求把他们所掌握的人性知识付诸检验，他们又会感到恼怒。那些真正希望了解人性的，是体验、理解他人价值的人。这些人要么也亲身经历过心理危机，要么切身体会过他人遭遇的危机。

由此可见，我们有必要找到一种合适的策略和技巧来将这些知识付诸运用。如果不讲究策略，草率地将从一个人灵魂深处洞悉发现的事实赤裸裸地当着他的面揭开，则恐怕没有任何事比这点更遭人怨恨，遭人侧目。我们最好劝告那些不希望被人仇恨或讨厌的人在这方面谨慎行事。留下坏名声的最佳办法，莫过于粗率鲁莽地滥用从人性知识中获得的种种事实，就好像一个人急于在饭桌上显示，他是如何了解邻居的性格，或能猜测得如何准确。此外，仅仅引用这门科学的基本原理就妄下论断，以此教训那些未能从整体上理解这门科学的人，这也是十分危险的。如果这样做，即使是那些确实了解这门科学的人，也会感到受到了侮辱。我们必须反复强调："人性科学需要以虚心、谨慎的态度来对待，切不可将实验结果鲁莽草率地张扬公布。"这种做法仅仅适合那些急于炫耀自己，并把自己所能做的一切都一股脑儿展示出来的小孩子。显然，这并非成年人该有的得体行为。

我们应劝告那些对人类心理有一定了解的人首先反省自己，切不可将在为他人服务中获得的实验结果，贸然抛给毫无心理准备的受害者。这样做只会给一门仍有待发展的科学带来新的困难，并实际上会让自己的努力以失败告终！那样的话，我们将不得不承担因年轻探索者的轻率和热情所导致的错误后果。我们最好保持小心谨慎并时刻记住：我们必须有一个完整统一的观点,然后才能就事物的某些局部得出结论。而且,发布这些结论,只能是在确信它们对某人有利的时候。以错误的方式对他人的性格做出断言,或在不适当的时候对他人的性格做出正确的结论,都只会造成巨大的危害。

在继续讨论我们的观点之前,我们必须先回答一个许多读者头脑中可能已经产生的不同意见。我们在前文曾断言,个人的生活风格是始终不变的,这对许多人来说难以理解,因为一个人一生中有很多经历会改变他对待生活的态度。我们须记住,任何经验都可以有多种解释。从同一种经验中,不同的人会得出不同的结论。这说明了这样一个事实,即经验并不总是会使我们变得更聪明。没错,虽然一个人学会了避开某些困难,并获得了一种为人处事的哲学态度,但他据以行事的方式却并没有因此而改变。在我们往后的考察中,我们将会看到:人总是运用其种种经验达到同样的效果。仔细地考察后我们会发现:他所有的经验都必须与其生活风格相吻合,与他的生活模式相吻合。众所周知,我们是在塑造自己的经验;每一个人都决定了他将如何去经历以及经历什么。在日常生活中,我们注意到,人们总是能从以往的经历中得到任何自己想要得到的结论。当你遇到一个总是不断地犯某种错误的人时,如果你成功地使他相信他错了,他的反应会有所变化。事实上,他可能会进行总结,立刻下决心避免犯这样的错误。但这是极为罕见的结果。更可能的情况是:他会提出反对意见,说自己已经积重难返,现在很难改变这种习惯了。或者,他会责备其父母,怨恨自己所受的教育;他会抱怨说从来没有一个人曾经关心过他,或者,他自小就被宠坏了;或者,他一直受到粗暴的对待。总之,他会以某种借

口为自己的错误开脱。无论他找到什么样的借口,最终都暴露出他希望推卸自己的责任。他以这种方式为自己找一个表面上合理的理由,避开对自己的任何责难。他永远不责怪自己。说到为什么总是不能做成自己想做的事情,原因永远都在他人。这种人忽视了自己几乎没有尽什么努力去避免错误。他们太急于为自己辩解,将过失归咎于成长环境欠佳、受到了不良教育等。只要他们想继续如此,借口永远可以找到。一种经验可以有多种解释,从任何经验中都可以得出种种不同的结论,这一事实使我们能够理解,为什么一个人会不努力去改变自己的行为方式,而是竭力扭曲自己的经验使之适合于这种行为方式。**事实上,人最难做到的事情,就是认识自己和改变自己。**

任何一个未能精通人性科学理论和技术的人,要想把他人教育好,都一定会遇到极大的困难。他的实践将完全停留在表面上,而且会错误地相信:由于事情的外在方面已经改变,他已做成了某种有意义的事情。实际病例告诉我们,这种技术对个人的改变是多么微乎其微,所有那些所谓的变化,仅仅是一些表面文章,而只要行为模式本身未得到矫正,则一切都毫无价值。

改变一个人不是一个简单的过程。它需要一定程度的乐观和耐心,尤其是需要排除一切个人虚荣心,因为那被转变的个人没义务去满足他人的虚荣心。而且,转变的过程还必须这样来进行,即要让那被转变的人觉得合情合理。我们不难理解,有些人会拒绝享用他本来非常爱吃的佳肴,仅仅因为这些佳肴不是按他认为合适的方式烹调和端上桌来的。

人性的科学还有另一个方面,我们不妨称之为社会的方面。毫无疑问,人与人之间如果能够更好地相互理解,则一定会相处得更好,彼此之间也一定会有更亲密的接触。在这种情形下,他们不大可能彼此伤害,彼此欺骗。社会所面临的巨大危险就在于这种欺骗有可能发生。我们必须向我们的同事,即我们正在引导到这一研究工作中来的人,展示这种危险性。他们必须能够让自己的研究对象懂得,那些正在我们身上起作用的未知的无意识力量究竟有什么价值;为了帮助这些研究对象,他们还必须认识到人的行为中所有那些隐蔽的、扭曲的、经过伪装的诡计和把戏。为达到这一目的,我们必须掌握人性的科学,并在实践中自觉地意识到它的社会意义。

什么样的人最适合搜集这门科学的材料并运用它?我们已经说过,这门科学不能仅仅从理论上运用。仅仅知道所有的规则和资料是不够的,还必须使我们的研究转变为实践,并使这些研究相互关联,以便使我们的眼光变得比以前更敏锐更深邃。这乃是人性科学在理论方面的真正目的。但只有在我们走出理论,进入到生活本身之中去对我们的理论加以检验和运用时,才能使这门科学充满生命活力。在受教育的过程中,我们获得的有关人性的知识太少太少,而我们所学到的知识,其中大多数又是不正确的,这是因为现代教育仍然不适合给我们以关于人类内心世界的可靠知识。所有的儿童都完全任凭其自己去评估其经验,并在课堂作业之外去发展他自己。我们还没有探究人类心灵真知的传统。人性科学发现,自己今天所处的位置,就像化学在炼金术时代所处的位置一样。

我们发现,在一团糟的教育体制中,依然能积极地与社会融合的人,最适合从事人性的研究。我们与之打交道的男人和女人,归根结底多是乐观主义者或积极的悲观主义者,尚未被悲观情绪弄到听天由命的地步。但仅仅与人性接触还是不够的,我们还必须有亲身体验。由于我们今天极不充分的教育,只有一种人能够获得对人性的真正领悟。这些人便是真心悔悟的罪人,他们或者曾卷入心理生活的漩涡,犯过种种的错误,并最终把自己从中拯救出来,或者曾经是那样地靠近这一漩涡,并感觉到其中的激流在拍打着自己。其他人当然也可以通过学习了解这门学科,特别是那些具有认同天赋和移情(empathy)天赋的人。对人的灵魂知道得最多的人是那些亲身经历了种种激情的人。**在我们今天这个时代,真心悔悟的罪人就像在各大宗教开始形成的时代一样,是极有价值的一种人。他比成千上万自诩的正派人站得更高。**为什么这样说呢?因为这样的人曾使自己超越人生的种种困境,从生存的泥沼中把自己拯救出来,通过反面的经验而获得追求正面价值的力量,并使自己超脱于这些经验之上,所以他们既理解人生中好的一面,又理解其坏的一面。在这种理解力上,没有人可以与他们媲美。自诩的正义之士更是无法与他们媲美。

如果发现某人的行为方式将注定让他不幸福,那么,出于对人性的了解,我们便会产生一种强烈的责任意识,去帮助他修正导致他误入歧途的错误认识。我们必须给他以更好的人生观,这种人生观更适合这个社会,让他更适合在今生获得幸福。我们必须给他一套新的思想,为他指示另一种生活方式。在这种生活方式中,社会情感和公共意识占有更重要的地位。我们无意把理想的心灵活动模式强加给他。对一个困惑的人来说,了解一种新的观点本身就具有巨大的意义,因为正是从这里,他知道他是在什么地方误入歧途,铸成错误。按照我们的观点,严格的决定论者离错误并不遥远,因为他们把人的全部活动统统视为原因和结果的序列。只要人的自我意识和自我批评仍然具有活力并仍然是人生的主题,因果律就会变得完全不同,经验的结果就会获得全新的价值。一旦人能够确定其行动的源泉,了解其心理的动力,他认识自己的能力就会大大提高。而一旦他懂得了这一点,就变成了一个完全不同的人。

上 篇

人 的 行 为

《理解人性》的作者阿尔弗雷德·阿德勒（Alfred Adler，1870—1937）是有世界性影响力的奥地利心理学家、精神病学家和社会教育家。他所开创的个体心理学在心理学领域中独树一帜，曾经在西方各国有巨大的影响，并不同程度地对荣格、霍妮、弗洛姆、沙利文、罗洛·梅、罗杰斯等著名心理学家有过启发。直到今天，在心理学领域和精神病领域，仍有不少人沿用阿德勒的理论和方法进行研究和治疗。至于他所提出的自卑情结、补偿机制、权力追求等概念，更是深深渗透到现代西方文化和一般人的科学常识之中。

阿尔弗雷德·阿德勒（Alfred Adler, 1870—1937）

第1章

精　神

每个人的理想状态,也就是说他的目标,很可能在其人生之初的那几个月里就形成了。

1. 精神生活的概念与前提

我们认为,精神仅属于有生命、能自由活动的生物体。精神与自由运动的关系是固有的。那些根系深扎于土壤中的生物体没有必要具有精神。如果根系深入大地的植物果真有了情感与思想,那才是超乎自然的一桩怪事呢！我们怎能设想植物能够接受那无以躲避的痛苦或是预感那不可避免的痛苦呢？我们又怎能在认定植物不可能运用意志的同时,又去假定植物拥有理性和自由呢？如果这些情形能够成立,植物的意志与理性就必然始终是不能开花结果的。

在运动与精神生活之间存有一种严格不变的因果关系,这就决定了植物与动物的相互区别。因此,在精神生活的发展演化中,我们必须将一切与运动相关联的都考虑在内。一切与环境变化相关联的困难,都要求精神能够预知未来,积累经验,形成记忆,以使生物体更适于生存。于是我们一开始便可以确信,精神生活的形成是与运动密不可分的,精神所成就的一切发展进步都以此生物体的自由运动为先决条件。这种可运动性要求精神生活永远具有更大的强度,并且刺激、助长着这一强度。如果我们已经把握了一个人的所有活动,那么我们就可以认为,他的精神生活已经陷入停顿。"唯有自由才造就伟人,而强制则只会扼杀和摧毁。"

2. 精神器官的功用

如果我们用这个观点来看待精神器官的功用,就会意识到我们所说的是生物体遗传能力的进化。有生命的生物体正是靠着这样一个进可以攻、退可以守的器官而对其所处的环境做出反应的。精神生活是一系列既采取攻势又寻求安全庇护的活动,其最终目的是要保证人这个生物体在地球上的长久生存,并使他安全地成就其发展。如果我们承认这一前提,那么,进一步的考虑则不引自出,而这在我们看来乃是真正的精神概念所必不可少的。与世隔绝的精神生活是不可想象的。我们唯一能想象得出的精神生活,一定是与其环境紧密关联的,它从外部接受刺激,并对这些刺激做出反应;它放弃那些不适于保护自己对抗外部世界劫难的能力,但有时也屈从于这些外部力量,以保存其生命。

上述这种关系随处可见,它们与生物体本身有关——人的特性、他的生理本性,以及他的优点与缺陷。这些概念是完全相对的,因为某种机能究竟是优点还是缺陷只能相对而言。这些

价值只有在个体所处的境遇中才能得到确定。众所周知,人的脚从某种意义上讲是退化了的手。对于某个必须日日攀缘的动物来讲,这无疑是个绝对的不利条件;但对于必须在平地上行走的人来说却是无比有利,因此,没人会宁要那"正常"的手也不要这"退化了"的脚。实际上,在我们的个人生活中——正如在所有人的生活中一样——自卑不应被看作是罪恶的渊薮。只有依据特定的情境才能决定其优劣好坏。只需想想宇宙中的关系是多么的斑驳复杂,有白昼黑夜,有阳光普照,又有原子的运动和人的精神生活,我们便可以意识到所有这些力量对我们的精神生活有着多大的影响。

3. 精神生活的目的性

我们在精神倾向中所能发现的第一件事,就是这些运动都指向着一个目标。因此,我们不能将人的精神认为是一个静止的整体,而只能将它当成一系列错综复杂的运动力;而这些运动力则是某个统一的大业的产物,旨在为完美地实现一个单一目标而斗争。这种目的性,存在于适应外部环境的本能中。我们只能想象一种目标既定的精神生活,精神生活的所有活动都受该目标的指引。

人的精神生活是由其目标决定的。如果这些活动没有一个无时不在的目标来决定、驱使、规定和指引,人就不可能进行思维、感觉、希望或梦想。这是必然的结果,因为生物体需要使自己适应环境,对环境做出反应。人类生命中这些生理、心理现象均以我们前述的那些基本原理为根据。除非有一个无时不在的目标,一个由生命的动力决定的目标,否则精神的进化发展便无从谈起。而这个目标本身则既可视为变化的,也可视为静止的。

以此为根据,则精神生活中所有一切现象都可以被视作为某个未来情势所做的准备。在心灵这一精神器官中,除了向某一特定目标靠近的动力之外,几乎找不到其他任何东西,因此个体心理学将人类精神的所有外在表现均视为朝向某个目标的运动。

在了解了一个人的目标,对世界也有所了解之后,我们还必须懂得这个人的生命活动及其表现形式的意义所在,懂得这些活动和表现对于实现目标有着什么样的价值。我们还必须知道,这个人为了达到其目标将采取什么类型的活动,就像知道一块石头从空中掉到地上所必然遵循的轨迹一样。当然,精神并不服从于自然法则,因为那无时不在的目标始终处在变化之中。但如果人有一个无时不在的目标,那么他的每一种心理倾向都会固执地追随这一目标,就仿佛有自然法则在支配着它。制约精神生活的法则无疑存在,但却是一个人造的法则。如果有人以为有充足的证据断然宣称存在一种精神法则,就是被表面现象欺骗了;因为一旦他认定了某种不变的本质,认定局面已然确定,也便相当于宣布牌局已走到终点。如果一位画家想画一幅画,人们便期待他具有种种与此相适合的态度,完成所有的规定动作,达到预定的结果,就仿佛有一种自然法则在其中发挥作用一样。但是我们要问,他果真非得画这幅画不可吗?

自然界中的运动与人的精神生活中的运动是各不相同的,关于自由意志的一切问题都离不开这至关重要的一点。眼下人

们普遍认为，人的意志是不自由的。的确，一旦人的意志与某一目标发生纠葛或受其束缚，它便失去了自由。再加上宇宙、动物及社会的关系等因素都制约着这一目标，精神生活经常显得受制于一些固定不变的法则就不足为怪了。但假使一个人决意漠视所处的社会的关系并起而反抗，或是拒绝适应生活这一现实，那么，所有这些貌似确定的法则都将失去效用，而为新目标所决定的新法则必将取而代之。同样的，当个体对生活感到困惑迷惘并企望剪断他对其同胞的感情时，社会生活的种种法则便不再对他具有约束力。因此，我们必须断言，精神生活中的活动只有在恰当的目标确定以后才必然地会发生。

另一方面，我们完全可能根据个体目前的种种活动推断出他的目标。这样做具有极大的价值，因为准确知道其目标的人的确屈指可数。在日常实践中，如果希望真正了解人类，这也是我们必须遵守的程序。但由于活动可能有许多意义，所以这件事也并不总是那么简单。但我们可以参照个体的许多活动，进行比较，并生动地将其表现出来。这样一来，就可得出表现精神生活之明确态度的若干点，将相同的每两点一连接，得到的曲线便记录下了时间上的不同，这样我们对一个人的理解认识便实现了。这种方法能让我们从整体上了解一个特定个体。下面举一个例子，来说明怎样从一个成人身上重新发现其具有的儿童思维模式，你会发现二者之间有惊人的相似之处。

一位三十岁的病人在情绪极其抑郁的情况下去找精神病医生。他具有特别富于攻击性的性格，虽然历经磨难，但他最终还是取得了成功与荣誉。他对医生抱怨说，他没心思工作，也没有活下去的愿望，并解释说他准备订婚，但却对未来充满怀疑。他妒火中烧,五内俱焚,看来他的婚约面临被解除的危险。他拿来说事的依据并不十分有说服力,因为他的未婚妻是无可指责的。他所表现出的显见的猜疑说明问题在他身上。有许多人会因感觉被吸引而去接近他人,一旦得手便立马表现出咄咄逼人的态度,正是这攻击性的态度毁掉了他们竭力想建立的关系,而他就属于这种人。

现在,让我们依上述方法来绘制关于这个人的生活方式的图表。具体做法是,先找出他过去生活中的某一个事件,并力求将其与目前的态度连接起来。根据我们的经验,通常要求病人讲出最早的儿时记忆,虽然我们知道不可能完全客观地测出这一记忆的价值。下面就是他最早的儿时记忆:

> 他和妈妈、弟弟来到一个商场,因为人群拥挤,妈妈先是抱起了他这个当哥哥的。当她发现抱错了的时候,又将他放下,抱起弟弟。而他却跟在妈妈亲后面,被人流拥来挤去,狼狈不堪。那时他4岁。

从这个回忆中,我们确证了基于他对目前情形的抱怨和描述中得出的揣测。他弄不清楚自己是否是最受宠爱的,又无法忍受别人得宠。我一将这种关系对他讲清楚,他大为震惊,立刻明白了这一关系。

每个人的行动都指向着一个目标,而这一目标取决于当事人童年时生活环境对他产生的影响及留下的印象。**每个人的理想状态,也就是说他的目标,很可能在其人生之初的那几个月里就形成了。**即便在那时,某些感觉也在起着作用,这些感觉在儿童身上或者激起欢悦的反应,或者带来不愉快的反应。此时,人生哲学的最初萌芽出现了,虽然采用的是最原始的表现方式。当人还是婴儿时，影响心灵生活的基本要素就已确定。在此基础上，一个上层建筑形成了，它可能不断地受到调整、修改、影响或改变，繁杂多样的影响很快就会迫使儿童形成一种明确的生活态度，对生活中种种问题形成某种特定的条件反射。

有些研究者相信，成人的性格特征在其幼儿阶段就已明显可见，这种看法并无大的过错；这也是人们常认为性格具有遗传性的原因。但性格与个性是从父母那里遗传而来的这种观点是普遍有害的，因为它妨碍了教育者的工作并降低了他的信心，而其实认为性格来自遗传的真正原因却在别处。上述借口使从事教育的人得以逃避责任，把学生在学习上的失败轻而易举地归咎于遗传。显然，这与教育的目的是完全背道而驰的。

我们的文明为目标的确定做出了重要的贡献，它扫清了若干障碍，使儿童尽可能少走弯路，少摔跟斗，尽快地找到实现其愿望的坦途，并保证他既有安全感，又能很好地适应生活。儿童在其生命早期就能弄清楚，为适应我们的文化现状，他需要获得多大的安全感。我们所言的安全感并非只是远离危险的安全，而要包括更进一步的安全系数，以保证人这个生物体在最佳条件下的继续存在。这就像我们在谈到一台精心设计的机器运转时所说的"安全系数"一样。一个儿童通过要求得到大于必要的"附加"安全因子而获得这种安全系数，这因子超过了为满足他的本能、为其平安温和地发展所需的量。如此一来，在他的精神生活中又出现了一种新运动。显而易见，这一新运动就是支配他人、超越他人的心理倾向。和成人一样，儿童也想将所有的对手都远远地抛在身后。他拼命想获得一种优越感,好从这优越感中获得安全感并适应生活,从而迈向他早已为自己定下的目标。于是,某种冲动自此便在他的精神生活中涌现,随着时间的流逝,这种冲动也日渐浓重。现在让我们假设世界需要一个更加强化的反应。而在此危急关头儿童如果对自己战胜困难的能力信心不足,我们就会发现,他拼命地躲闪推诿,编出种种托词为自己辩解,而这一切,只会使潜在的对光荣的渴求更加明显易见。

在此情形下,他迫在眉睫的目标常常是逃避更大的困难。这类人畏惧困难,或努力设法躲开困难,以暂时地回避生活对他提出的要求。我们必须懂得,人类心理的反应并非最终的或绝对的反应:每个反应都只是一种局部性反应,都只是暂时的正确和妥当,但绝不可将其视为问题的最后解决办法。儿童心理的发展尤其如此,它提醒我们,我们关于目标这一问题的见解,也只是暂时性的。我们不能将用于测度成人精神的标准去测度儿童的心理。就儿童而言,我们必须更深入地观察,并对最终将引导他前进的目标提出质疑。如果我们能够进入他的内心,就能认识到,为了最终适应生活,他为自己创造出一个理想,而他的每一种努力和表现都是为了适合这一理想。如果我们想知道儿童为什么会有这样或那样的行为,就必须弄懂他的观点。此外,与他的观点相联系的情感趋向也在多方面为儿童指引着方向。这当中有乐观主义的倾向,在这种倾向中儿童相信他能轻易地解决所遇到的问题。在此情形下,他长大以后就会养成一种坚信人生尽在掌握的性格。这里我们看到的是勇气、豁达豪爽、坦诚率直、责任感、勤奋用功等品质的形

成和发展。与之相反的则是悲观主义倾向的形成。不妨想象一个没有信心解决问题的儿童的目标！在这样的儿童面前,世界该显得多么的阴郁灰暗！在此,我们所看到的是懦弱胆怯、沉默内向、疑惑不信等,这些性格特征正是弱者用以保全自己时所经常使用的。他的目标远离力所能及的边界,却是远远地躲在人生战争前线的大后方。

第 2 章

精神生活的社会性

一个人假如没有深厚的人类同胞情谊,不懂得为人处事的艺术,也便不可能成长为一个健全的人。

想要了解人的思维方式,我们必须审视他与同伴的关系。人与人之间的关系一方面由宇宙的本质决定,因而变化无常;另一方面,又由诸如一个社会或国家的政治传统等固有制度决定。不认清这些社会关系,我们就无从理解这些精神活动。

1. 绝对真理

人的精神不可能自由无羁地行动,因为它必须解决不断出现的问题,而这正好限定了它的活动范围。这些问题与人在社会生活中所受到的限制密不可分,社会生活的基本状况影响着个体;而社会生活却很少受到个体的影响,即使有影响也只在一定程度上存在。然而,我们社会生活的现存状况又不能被认为是终极的条件,这些条件多得不可胜数,而且也会发生变化。对于精神生活问题这一幽暗的深谷,我们还远不能透彻地认识,远不能窥明其真谛,因为我们无法躲开由种种错综交织的关系织成的大网。

为了摆脱这一尴尬处境,唯一的办法就是假定我们社会生活的逻辑是存于这颗行星之上的终极真理。假定只要克服掉因为我们在做人方面组织不力、能力受限等原因而导致的错误,就能一步一步地接近这个绝对真理。

我们要考虑到的一个重要方面是社会的物质层面,马克思和恩格斯曾对此做过描述。根据他们的观点,经济基础,即人们的基本生存资料,决定着"理想的、逻辑上的上层建筑",即个体的思想和行为。我们的"人类社会生活的逻辑"和"绝对真理"的概念与这些观点是部分一致的。然而历史以及我们对个体生活的洞察(也就是我们的个体心理学)却使我们认识到:面对经济压力,个体有时会为了权宜之计而做出错误的反应。为了逃避尴尬的经济处境,他很有可能一错再错,陷入自己的错误反应所结成的网络之中不能自拔。而通向绝对真理的方法则将引导我们跨过无数这类错误。

2. 对社会生活的需要

社会生活的法则确实像气候法则一样自发地发挥其作用。气候法则强迫人们采取一定的措施以抵御寒冷,比如修建房屋等。社会及社区生活的法则则存在于一定的制度中。对这些制度的诸多形式我们不一定要完全理解,例如在宗教中社会规范的神圣不可侵犯性成了社会成员间的一种契约。如果说我们的生活状况首先要受宇宙和自然的影响,那么它还进一步受人类社会与地区生活的规定限制,受从社会生活中自发产生的法则

和规律的制约。社会的需要调整着人与人之间的所有关系。人的社会生活先于其个人生活。在人类文明史上，找不到任何一种不以社会生活为基础的生活方式，没有人能够脱离人类社会而单独存在。这很好解释。整个动物界都显示出这样一个基本法则，这就是：在任何一个物种中，假如个体没有能力面对为自求生存而不得不进行的斗争，便会选择集结成群，从而获得新的力量。

群居本能帮助人类达到了这个目的：帮助人类战胜严酷环境而不断进步的最值得一提的东西是灵魂，而灵魂的本质寓于社会生活的必要性之中。达尔文在很早以前就曾注意到这样一个事实：我们从未发现过单独生活的弱小动物。我们不得不将人也划归于这类弱小动物，因为他同样不足以强大到可以独立生存的程度。他只能对自然做出微乎其微的抵抗。为能延续他在这颗行星上的存在，他必须借助于许多人造的机器来弥补弱小身体的不足。想象一个孤零零的人，没有任何文明工具地生活在原始森林中，那将是一种什么景象！他将比任何别的生物体都更加脆弱不堪，无能为力。他没有别的动物所具有的速度或力量，没有猛兽的尖锐牙齿，没有灵敏的听觉或敏锐的眼力，而这一切都是生存斗争所必需的。可见，人需要有大量的装备来保证他的存在。他的营养、他的特性以及他的生活方式都需要得到广泛的保护。

现在我们就能懂得，人为什么只有在将自己置于特别有利的情形中才能保证生存这个道理了。社会生活为他提供了这种有利的条件。社会生活之所以成为必需，是因为靠着社会中的劳动分工，每一个体都使自己从属于群体，这样整个物种才得以继续存在。劳动分工从本质上讲代表着文明，能使人获得满足其各类需求所必不可少的进攻和防御工具。人只是在学会了劳动分工以后，才学会了如何证明自己。想想生孩子的艰难和孩子出生后要养活他所需要的种种精心照料吧！只有在有了劳动分工后，上述精心照料才成为可能。再想想那数不胜数的病痛疾苦，人稍不小心就会染上疾病，特别是在婴幼阶段。想想这一切，你就会对一生所需的种种照料略见一斑，就会对社会生活的必要性有所了解。可见，社会是人类可持续生存的最好保证！

3. 安全与适应

综前所述，我们得出这样的结论：从自然的角度来看，人是一种弱势的生物。这种自卑感和不安全感时刻存在于他的意识之中，并随时随地刺激他发现更好的能使自己适应自然的方法和手段。这一刺激迫使他去寻找一个情境，以将生存竞争中所面临的不利因素排除干净或减到最小。这就导致了对精神器官的必然要求，因为精神器官能够影响适应及安全感获得的过程。增加天生的防御武器，如坚角、利爪或利齿，并不能使半人半兽状态的原始人成为一种新的生物。只有精神器官能够对突发事件迅速做出反应，并补偿人在机体上的缺陷。正是因为无时无刻存在的脆弱感，才激励人不断地发展其先见之明和防患于未然的能力，并使其心灵发育成为今天这样一种能思维、感知和行动的器官。既然在适应过程中社会起着根本性作用，那么从一开始精神器官就必须承认和服从社会生活的条件。精神器官的所有能力都是在社会生活这一逻辑基础上发展起来的。逻辑本

质上必须具有普遍适用性，正是从其起源之中，我们找到了人类心灵发展的下一步。唯有普遍适用的才合乎逻辑。社会生活的另一必要手段是说话的能力，正是这一奇妙的能力使人有别于其他所有动物。语言现象的形式清楚地表明，语言起源于社会生活，同样也不能脱离普遍适用这一概念而存在。对于离群索居的个体或生物体，语言是绝对没有必要的。只有在社会里语言才具有其合理性，它是社会生活的产物，是社会中人与人之间的一种纽带。这种说法的正确性可以这样来证明：有些人生长在那种很难或根本不可能与他人接触的环境中，他们中有些是出于个人的缘故而避开与社会的所有联系；另一些人则是因为造化的摆布。不管是哪种情况，他们都受害于语言交流上的缺陷与困难，更谈不上具有学习外语的才能了。因此只有当与社会的接触不受妨碍时，语言的这种纽带作用才能得以形成和维持。

　　语言在人类心灵的发展过程中有着极其重要的价值。有了语言这个前提，逻辑思维才成为可能；语言使我们得以建立概念并理解价值的异同；概念的形成并非个人私事，而是关涉到全体人类社会。只有在普遍适用的前提下，我们的思想和情感才成为可能；我们对于美的喜悦，也是基于对美的承认、理解和感受具有普遍性这一事实。因此顺理成章的是，思想和概念也像理性、知性、逻辑、道德和审美一样，起源于人类社会生活；同时它们又是所有旨在防止文明崩溃解体的个人之间联系的纽带。

　　欲望与愿望也同样可以理解为作为个体的人的境遇中的一个方面。"欲望"不过是帮助人克服脆弱感的一种心理倾向，是让人适应环境、获得满足感的一种手段。"愿望"意味着感觉到这种倾向,并进入到这一活动之中。每一种意志行为都始于一种脆弱感,而这种脆弱感的解除则指向一种满足状态。

4. 社 会 感

现在,我们开始明白,所有旨在确保人类生存的规则,比如法典法规、图腾和禁忌、迷信或教育,都必须受制于社会这一概念并适合于这个概念。我们已经以宗教为例考证了这种观点,并发现对社会的适应是精神器官最重要的功能。对个体如此,对社会亦然。我们所谓的公正、正直以及我们认为人性中最有价值的东西,实际上不过是为了满足人类的社会要求。这些要求使灵魂具体化并引导着它的活动。责任感、忠诚、坦率、对真理的挚爱等美德的产生和维护,全仰仗于社会生活中普遍有效的原则。我们只能从社会的观点出发去评判一个人性格的好坏优劣。与科学、政治和艺术方面所取得的成就一样,人的性格只有在证明了它的普遍价值以后才值得关注。用以测度个体的标准由他对于大多数人的价值而定。我们评论一个人时总是拿他与一个理想标准的人相比较,这个理想的人能克服横亘在面前的艰难困苦,于社会有用,其社会感发展到了相当高度。借用福特穆勒的话来说,"他是一个懂得依照社会法则来参与人生游戏的人"。在我们下文的讲述中,读者将越来越清楚地看到,**一个人假如没有深厚的人类同胞情谊,不懂得为人处事的艺术,便不可能成长为一个健全的人。**

第 3 章

儿童与社会

深受溺爱的儿童还有一个共同特征,这也是他们的社会感发展不全的一个象征,那就是他们想自己想得多,想别人想得少。这一特征使我们清楚地看到他们朝向悲观哲学发展的全过程。除非找到纠正他们错误行为模式的方法,否则他们无法感到幸福。

社会强制我们承担一定的责任，这些责任影响着我们的生活准则和形态，以及我们心智的发展。社会有一个有机基础。个体与社会间的关联点在于人分两种性别这样一个事实之中。生活欲望的满足、安全感的获得以及幸福的保证并非存在于男女的彼此分隔之中，而是存在于夫妻的共处相融之中。通过观察儿童成长经历，我们就能确信，没有社会的保护，人就不可能进化发展。生活的种种责任使劳动的分工成为必须，而劳动分工不仅不会使人分离疏远，反而会强化他们的联系。

人人都必须帮助其邻人，人人都必须感到他与同伴的相依共存关系。 人与人之间的紧密关系就是这样产生的。下面让我们来详尽地讨论婴儿出生后所面临的一些关系。

1. 婴儿的处境

虽然每个儿童都依赖于社会的帮助，但他仍会发现自己面

对的是一个既给予又剥夺,既等待你去适应,又能给予你以满足的世界。他的本能因遭遇障碍而深感困扰受挫,被征服的经历带给他莫名的痛苦。他在很小就意识到,有另外的一些人,他们能够更彻底地满足自己的冲动,并且对生活有更充足的准备。我们可以说,由于孩提时期的这种境遇要求他拥有一个整合器官(organ of integration)——其功能是要使一种正常的生活成为可能——于是,灵魂便诞生了。为了实现这一目标,他的灵魂开始对每一境遇进行评估,并引导他最大限度地满足本能,用最小的努力和付出,达到另一种境地。就这样,他开始过高地估计打开一扇门所需的力气,搬动一重物所需的外力或向别人发号施令、要求他人俯首听命的权力。在他的灵魂中出现了要长大,要长得和别人一样强壮,甚至更强壮的愿望。支配控制那些聚在他四周的人成了他生活的主要目的,因为虽然长辈们的行为让他显得逊人一截,但因为自己柔弱无助,长辈们也便理所当然必须承担呵护自己的义务。于是两种可能的行动摆在他面前。一方面,他可以继续他从成人那里学到的行为方式;另一方面,他可以夸大地表现他的弱小无力,那些成人正是因为这个才向他提供帮助的。我们将经常不断地在儿童身上发现这种精神趋向的分支。

就在生命早期这段时间里,开始了不同性格类型的形成。一些孩子的发展方向是获得权利和勇气,其结果就是得到承认;另一些孩子则用自己的弱小无力来投机,力图用最多种多样的方法来表现这种柔弱。我们只需要回忆一下某个孩子的态度、表情和举止姿态,就会发现他属于哪种类型。只有在了解了每种性格类型与环境的关系后,我们才能说每种类型都有其意义。

通常，在所有儿童的行为中，都可以看到环境影响的影子。

儿童之所以可教，其基础在于他会竭力想使自己的软弱无力得到补偿。成千上万的天才和能人的产生都是由于这种不足感的刺激。每个孩子所面临的环境都千差万别。我们现在要讨论的是使儿童感到敌对的环境，这样的环境给他留下的印象是，整个世界都是一片敌人的国土。儿童在思维和观点上的不完善是得出这一印象的原因。如果所受的教育没能消除这一谬见，他的灵魂就可能在以后的岁月里畸形发展，表现在行动上就是他当真把世界看作是一个充满敌意的世界。一旦他在生活中遭遇更大的困难，这种敌对的印象就将进一步加剧。这种情形常见于有器官缺陷的儿童。这种儿童对付环境的态度与有着相对正常器官的儿童全然不同。器官缺陷可能表现为运动困难、单个器官机能不全、整个机体抵抗力降低（其结果是常患疾病）等方面。

无力正视世界倒不一定起因于儿童在机体上的缺陷。荒谬的环境对儿童提出的不合理要求（或这些要求提出时所采用的令人遗憾的方法）与环境中实际存在的困难有着类似的影响。希望使自己适应环境的儿童突然发现了横在面前的重重困难，要是他所生活的环境自身也早已丧失了勇气，弥漫着一种悲观的气息，那么，这种情绪很快就会传染到孩子身上。

2. 困难的影响

考虑到障碍从四面八方向儿童逼来，因此，要是发现孩子的反应不能总是令人满意，那将一点也不奇怪。他的精神习性只

有短暂的发展时间,他发现自己需要适应一成不变的现实条件,而此时他的适应技能却尚未成熟。每当我们考虑到自己对环境所做出的种种错误反应时,都会发现自己的灵魂在不断做出发展尝试,就像在做实验般地不断企图做出正确反应,以求在生活中取得进步。在儿童行为模式的表现中,特别引起我们注意的是,在其成熟过程中他面对某个特定的形势时的反应方式。他的反应方式使我们得以洞观他的灵魂。我们必须认识到,与社会的反应一样,任何个人的反应都不能依据一种模式来进行评判。

儿童在其心灵发展过程中所遇到的障碍常常会阻碍或歪曲他的社会感。这些障碍有的来自于他的物质环境,比如源于他的经济、社会、种族或家庭状况的不正常关系,有的则来自于他身体器官的缺陷。我们的文明要求人有健康的体魄和健全发育的器官,因此,重要身体器官有缺陷的儿童在解决生活中的问题时就会处于不利地位。很晚才学会走路的儿童、运动有困难的儿童,或因中枢神经系统发育比正常儿童迟缓而显得迟缓呆笨的儿童都属于这一类型。我们都知道这类儿童是怎样地经常东碰西撞、笨手笨脚或动作迟缓,身体和精神上的痛苦成了他们的沉重负担。世界显然没有对他们表示出脉脉温情,因为世界本不是为了适应他们才形成的。他们的发展受到抑制,他们的面前困难重重。当然,如果这类儿童没有因精神折磨而陷入绝望之中,那么随着时光的流逝,生活总是有可能给他们以补偿,彻底抹去他们的伤痕。但是,恶劣的经济环境可能会让事情变得更加复杂。有缺陷的儿童对于人类社会既定的法则缺乏了解,他们用怀疑和不信任的目光看待出现于身边的机会,并倾向于将自己孤立起来,逃避的责任。他们对存在于生活中的敌意特别敏感,并无意识地夸大这种敌意。他们对生活中痛苦的一面的兴趣也远大于光明的一面。一般说来,他们对两者都估计过高,因而终其一生都采取一种好战的态度。他们要求别人对他们绝对地殷勤注意,自然他们考虑自己远多于考虑别人。他们将生活的必要职责视为障碍而不是刺激。由于对同伴心怀敌意,他们与环境之间的鸿沟不断拓宽加深。现在,他们以一种夸张的方式,小心谨慎地处理每一件事,每一次交锋接触都使他们一步步地远离真理和现实,结果是不断地给自己增添新的困难。

如果父母对子女应有的温情没能得到足够的表现,儿童也会面临类似的困境。这种情形的出现会给儿童的发展带来严重的后果,他会变得态度固执,不能识别爱,也不能恰当地运用爱,因为他追求温情的本能未能得到发展。在温情感未能得到应有发展的家庭中长大的孩子身上,很难激发他做出任何温情的表示。他的整个生活态度将是回避、躲开一切形式的爱和温情。考虑欠周的父母、教育者或其他成人在教育儿童时,如果告诉后者爱与温存不足取、太荒唐或为男子汉所不齿,并给他灌输一些有害的格言,也可能产生类似的结果。我们经常发现人们向儿童灌输说,温情是一种荒唐可笑的东西,那些经常受到奚落的儿童更是如此。这类儿童惧怕表现出情感或温柔之心,因为他们觉得,对别人表示爱的倾向荒唐可笑,缺乏男子气概。他们对正常的柔情心存抗拒,就仿佛这柔情会奴役他们、降低自己的人格一样。于是,在儿童早期,隔离爱的边界就设立了。由于这种残忍的教育阻碍和压抑了所有的温情,儿童便开始从其所处环境中退缩出来,一点一点地丧失了与他人的接触,而这种接触对于

他的心灵成长乃是至关重要的事情。有时,假如身边某一个人为他提供机会,让他感觉亲切,则两人之间很可能建立起极为深厚的关系。这便是为什么有的人长大以后,其社会关系仅仅指向某一个人,且始终不能展开去接纳更多人的原因所在。我们第一章提到过的那个男孩便是这样的例子,由于注意到母亲仅仅对弟弟表现出温情,而自己则受到忽视,他在往后的生活道路中始终四处徘徊,八方寻找,想得到温暖和爱,以补回他在儿童早期未能得到的一切。这个例子证明了这种人在生活中可能遇到的种种困难。

伴有太多温情的教育与温情全无的教育同样有害。娇生惯养的儿童与管教严格的儿童都将以沉重的步履艰难地迈上人生旅途。如果从一开始,对温情的要求就超越了所有的界线,其结果是,这种备受钟爱的儿童固执地依恋于一个或几个人而拒绝与他们分离。温情的价值由于种种错误体验而受到过分强调,因而致使儿童得出结论,认为自己的爱可以逼使成人承担绝对的责任。这一过程轻而易举就完成了;儿童对父母说:"因为我爱你们,你们就必须这样做(或那样做)"。这种社会教条(social dogma)常常在家庭里蔓延滋长。儿童一旦在别人身上也发现这种趋向后,就会表现出更多的温情以使别人更加依赖于他。对家庭中某一特定成员的这种热烈的温情更是十分常见。无疑,这种教育将对儿童的未来产生有害的影响,在以后的生活中,他将不择手段地拼命挽留他人的温情。为达此目的,他敢不择手段,可能企图征服他的对手,比如兄弟姐妹,或靠着搬弄是非来打击他们。这样的儿童甚至可能怂恿其兄弟去干错事,好让自己显得光彩、正义,以便得到更多的父母之爱。他对父母施加压力,以使他们将注意力汇聚在自己身上。他挖空心思、不遗余力地要达此目的,直至得到显要的位置,显得比任何人都重要为止。他有时懒惰,专干坏事,而唯一的目的只是为了要让父母因他而忙碌;他有时又可能成为模范儿童,因为他认为别人的关注是一种奖赏。

在对这些手法进行了讨论以后,我们可以得出结论,精神活动的模式一旦确立,任何东西都可以成为达到某个目标的手段。为了达到他的目标,儿童可能朝向邪恶的方向发展;为了这同一目标,他也可能成为一个模范儿童。我们经常可以观察到,一些儿童专横任性地去吸引他人的注意,而另一些更精于算计的儿童则通过美德善行达到同一目标。

与这些娇生惯养的儿童同类的,还有那些在友好慈爱的氛围中丧失了能力的人。他们路途上的一切障碍全被扫荡一空,从没有机会去面对责任。这些儿童被剥夺了一切为生活做准备的机会,而这些准备对于他们未来的生活本是必不可少的。对于那些乐于与他们交往的人,他们没有与之建立联系的准备,当然,至于那些因不利的儿时成长环境而本身就存在交流障碍的人,与他们接触更是无从谈起。这些儿童对生活全无准备,因为他们从未得到克服困难的机会。他们一旦离开家庭这个小小王国,离开"四季如春"的温室气氛,几乎都会不可避免地遭遇失败,因为再也找不到像他们的父母那样乐于为他们东奔西忙、承担责任的人了。

所有这类现象有一个共同之处,即都倾向于或多或少地使儿童与社会隔离。肠胃系统有缺陷的儿童对于营养持有一种特别的看法,并因此与正常儿童相比有着完全不同的发展过程。

器官有缺陷的儿童有着独特的生活方式,这种生活方式可能最终迫使他们与社会隔离。还有一些儿童则由于对自己与环境的关系不甚明了,而竭力回避这种关系。他们无法找到一个朋友,和其同伴们所玩的游戏也不相同;他们要么妒忌伙伴,要么对同龄人的游戏不屑一顾,把自己关在屋子里专注于自己的游戏。在严格的教育压力下长大的孩子也有与社会隔离的危险,生活之于他们并非和风细雨、阳光普照,因为各方面给他们留下的都是坏印象。他们必须忍受一切艰难困苦,低三下四地接受生活的悲哀;有时他们又觉得自己是个战士,整装待发,投入与敌对环境的恶战。这类儿童觉得生活及其职责太过艰难。不难理解,这类儿童大都会为捍卫自己的个人疆界而忙碌,以免自己的人格到头来一败涂地。我们可以想象,在他们眼中,外部世界总是充满敌意的和不友好的。夸大了的警惕性成了压在他们心头的一个包袱,使其总倾向于回避更大的困难,而不是使自己面对危险,接受可能的失败。

这些深受溺爱的儿童还有一个共同特征,这也是他们的社会感发展不全的一个象征,那就是他们想自己想得多,想别人想得少。这一特征使我们清楚地看到他们朝向悲观哲学发展的全过程。除非找到纠正他们错误行为模式的方法,否则他们无法感到幸福。

3. 人是社会动物

前面我们已详尽地说明,只有将儿童放在特定的环境之中才能对其人格有所认识,才能对他在世界上的境况做出评判。

我们所谓的境况,指的是他在宇宙中的位置,以及他对待周围环境和生活中的问题的态度,比如职业的挑战、与人的联系、与其伙伴的融洽这些与生俱来的东西。根据这种方法,我们就能断定,那些在人生之初就以风暴般的冲击力给他打下烙印的东西,将影响他整个一生的生活态度。

在儿童出生后几个月,我们就能断定他今后将与生活保持的关系。在此阶段,我们完全可以明确地区别两个婴儿的行动方式,因为他们已经表现出了清晰可辨的行为模式,而且这种行为模式随着时间的流逝还会更加清晰。这种模式绝不可能再变化。儿童的精神活动会越来越受到其社会关系的渗透和影响。其生而有之的社会感随着他对温情的求索而开始显露,这种求索导致他竭力讨得成人的亲近。儿童生活中的爱(love life)总指向他人,而不是如弗洛伊德所说那样总指向他自己的身体。这种爱的能力在强度和表现方式上因人而异。在两岁以上的儿童身上,这种区别还可能表现在其语言上。只有在出现最严重的精神病理意义上的退化(degeneration)时,这种深深植根于每个儿童灵魂之中的社会感才会舍他而去。总之,这种社会感将伴他终身,在某些情况下会变化、歪曲和受到局限;而在另一些情况下则会扩大、拓宽,直到最后不但涉及他自己的家庭成员,还涉及他的民族、他的国家及至全人类。它甚至还可能跨越这些界线,而朝向着动物、植物、无生命的物体及至整个宇宙表现出来。**因此,我们的所有研究的一个基本结论乃是人类的社会属性与生俱来。一旦掌握了这点,我们也就掌握了通往理解人类行为大门的钥匙。**

第 4 章

我们生活的世界

最容易受影响的是那些服从法律、通情达理的人,而他们的社会感所受的歪曲程度也最小。相反,那些渴望强人一等,切盼操纵支配他人的人,则最难于被影响。

1. 我们宇宙的结构

由于每个人都必须对其环境进行适应,他的心理机制具有从外部世界接纳印象的机能。此外,精神机制还会依据对世界的理解,循着在人生之初形成的理想行为模式去追求一个确定的目标。虽然我们无法以十分肯定、十分精准的言辞来表述对宇宙的这种理解,却可以将它描述为一种永恒存在的环境氛围,就好比自卑感是人类永恒面对的一种情感一般。只有在确定了固有的目标以后,才会有精神活动。如我们所知,目标的确立必须以变化的能力和一定的运动自由为前提。由运动的自由而产生的精神上的充实不应受到低估。第一次在地上站立起来的儿童进入了一个全新的世界,就在那一瞬间,他也感受到了一种敌对的气氛。自打他第一次尝试运动那一刻起,特别是自他抬脚学习走路那一刻起,便体验到了各种程度的困难,这些困难可能强化、也可能摧毁他对于未来的希望。成人认为微不足道或平淡无奇的小事,可能会对儿童的心灵产生巨大影响。在此基础上,儿童形成他对所生活的世界的看法。这样,曾在运动方面遭遇困难的儿童为自己树立的理想可能是猛烈的、风驰电掣般的运动。只要问问他们最喜爱的游戏是什么,或问问他们长大以后想干什么,就可以发现这样的理想。通常,这类孩子会回答想成为汽车司机、火车司机等。这清楚地表明,他们想克服那些给自如地运动带来妨碍的困难。他们的生活目标是用十全十美的运动自由去取代心中的自卑感和障碍感。我们很容易认识到,这种障碍感很容易出现于发展迟缓或多病的儿童的心灵中。同样,眼睛有欠缺的儿童常企望改变世界,使之到处大放异彩;听觉有问题的儿童会对某些特定的音调表现出浓厚的兴趣,进而对音乐产生巨大兴趣。

在儿童用以征服世界的所有器官中,感觉器官是最重要的,它们决定着他与世界的基本关系。他心目中有关宇宙的写照都是通过感觉器官完成的。探索环境的首先是眼睛。不由分说强加于每个人注意力之上、赋予他重大生活体验的,首先就是视觉所见的世界。我们生活于其中的世界,其视觉画面具有无可比拟的重要性,它涉及的是持久不变的东西,不像其他感觉器官,如耳、鼻、舌、皮肤,只能感受短暂的刺激。然而对于一些人来讲,耳朵是占绝对优势的器官,他们的精神世界的体验主要来自于听觉。在此情形下,灵魂可以说有着超乎寻常的听觉倾向性。有时,我们也可能发现一些为数不多的人,对于他们,运动肌的活动占有绝对优势。还有一种类型的人,嗅觉或味觉的刺激是他们占绝对优势的兴趣,其中前一种,也就是对气味极为敏感的那些人,在我们的文明中处于相对不利的地位。另外,对于一些儿童,肌肉组织扮演着主要的角色。这类儿童的特征是精力充沛、焦躁不安,在孩提时期就处于无休止的运动之中,成年以后更是活动频频。这类人只对肌肉运动在其中扮主要角色的活动感兴趣,甚至在睡梦中都显示出活动的迹象,在床上焦躁不安地翻来滚去。我们必须将那些"坐立不安"、常被认为是恶习难改的儿童归入这个范畴。

一般而言,所有的儿童都是从强化某个器官或器官组织开始探索世界的,不管他强化的是感觉器官还是运动器官。儿童凭着他较为敏感的器官从外部世界搜集印象,形成对自己所处世界的总体看法。因此,我们只有知道了一个人用什么感觉器官或器官系统在探索世界,才能理解这个人,因为他的所有关系都因器官的不同而带着不同的色彩;在他的孩提时代,器官缺陷就影响着他的世界观,并进而影响着他以后的发展。

2. 形成世界观的要素

决定我们所有活动的无时不在的目标,还影响着某些特定心理能力的选择以及它们的强度和活力,这些心理能力赋予我们的世界观以形象和意义。这就是为什么我们每个人只能或者体验生活的某一特定断面,或者体验一个特定的事件,或者确实体验到我们所处的整个世界的道理。我们每个人所看重的只是切合于自己目标的东西。不能清楚地了解人在内心里暗自追求的目标,就不可能真正了解一个人的行为;如果不知道他所有的

活动都受此目标的影响，也就不可能对他行为的各个方面做出评估。

a. 知觉

外部世界的印象和刺激通过感官被送至大脑，并在那里留下一些痕迹。这些痕迹构成了想象的世界和记忆的世界。但绝不能将知觉与摄影的显像过程相比，因为知觉不可避免地带有感知人的某种特有、独特的品质。人不能感知他所见的一切。对于同一景观，任何两个人都不可能做出完全相同的反应。如果问及他们感知到了什么，他们会做出相去甚远的回答。一个儿童在其环境中所感知到的，只有那些与他早已确定的行为模式相适应的东西。视觉欲望（visual desire）发展甚佳的儿童的感知有着显著的形象特质。人类可能大都属于形象思维型（visual minded）。也有一些人的感知主要得自于听觉，并以此来填充自己印象中那个马赛克拼图一般的世界。人的知觉不一定非要与现实完全吻合，每个人都有能力将其与外部世界的联系做一番重新编排、整理，使之适合于他的生活模式。一个人的独特性和异乎寻常性在于他如何去感知以及他所感知的为何物。知觉不单是一种简单的生理现象，还是一种精神机能，从这种精神机能中我们可以得出关于内心生活的最为深远的结论来。

b. 记忆

灵魂的发展与活动的必要性密切相关，并以感知为基础。灵魂与人这个生物体的运动性（motility）存在着固有的联系，其活动受这个运动性的目标决定。人必须对所处的世界中的刺激和关系加以收集和整理，而作为适应器官的灵魂，也必须使这所有的机能得到充分发展，因为这些机能在他自身防护维持生存过程中扮演着重要的角色。

至此,我们清楚地知道,灵魂对于生活问题所做的独特反应将在灵魂的结构中留下印痕。记忆和评估(evaluation)功能均受适应之必需性左右。没有记忆,就不可能防患于未然。我们可以推断,所有的记忆都有一个隐藏于其中的无意识目的;记忆绝非偶然现象,而是起着鼓励或事先警告的作用。记忆都不是无关紧要或没有意义的。只有对记忆所辅佐的目标和目的确切了解以后,才能对记忆做出评估。知道人为什么记住了一些东西而忘记了另一些东西并不重要。我们之所以会记住某些事件,是因为关于这些事件的记忆对某个特定的精神趋向至关重要,是因为这些记忆推动了某种潜在的运动。同样,我们也忘掉那些对我们实现计划无关紧要的事件。于是我们发现,记忆也从属于有目的的适应,每个记忆都受目的支配,这种目的指导着人的整体人格。一个长久保持的记忆——哪怕是一个虚假的记忆,就像儿童时代那些经常充满片面偏见的记忆一样——可能会超出记忆的领域,表现为一种态度,或表现为一种情调(emotional tone),甚至表现为一种哲学观点,只要实现目标要求它这样。

c. 想象

幻想和想象的产物能够最清楚地表现出某一个人的独特性。我们所说的想象,指的是在引发感知的对象不在场的情况下所产生的知觉复制品。换言之,想象是复制出来的知觉,是灵魂创造性机能的又一证明。想象的产物不仅是知觉的重现(知觉本身就是灵魂创造力的产物),而且还是建立在知觉基础上的一个崭新、独特的产物,就好比知觉的产生是建立在生理感官基

础上一样。

较之一般意义上所说的想象,还有一类更鲜明、更突出,那就是幻想。这类幻想是这样的轮廓鲜明,以致它们不但具有想象所具有的价值,而且还会影响个体的行为,就好像本来不在眼前的刺激物实际在场一样。当幻想显得仿佛是一个实际存在的刺激的产物时,我们就将它称为幻觉(hallucinations)。幻觉产生的条件与产生荒诞不经的白日梦的条件毫无二致。每一种幻觉都是灵魂的艺术创作,脱胎于和成形于这个特殊个体的目标和目的。让我们举个例子来对此进行说明。

有一位非常聪明的姑娘,违背父母的意志结了婚。她父母因此大发雷霆,竟和她断绝了所有的关系。时光一天天过去,她开始觉得她父母待她不好。由于双方的骄傲与固执,许多重归于好的努力都付诸东流。这位姑娘出身于一个受人尊敬的富有家庭,但由于她的婚姻,她陷入了尴尬穷困的处境。但从表面上看,没人能看出她的婚姻关系中有什么不幸福的迹象。人们一直以为她已经习惯了穷困,对生活十分满意,直到有人发现了她生活中一个非常奇怪的现象。

这姑娘从小就备受父亲的宠爱,父女关系十分亲密,这就使目前的破裂不和显得更加难于忍受。然而由于她的反叛婚姻,她父亲待她很不好,双方之间的鸿沟极深,甚至在她有了孩子以后,她父母都毫不动心,拒绝去探望女儿或去看外孙。这种粗暴的对待方式使这姑娘始终耿耿于怀,因为正是在她最需要安慰照顾的时候,父母的恶劣态度却使她深感痛心。她本是一个很有野心的人,父母的这种态度自然触到了她心灵中最敏感的痛处。

我们必须记住,这位姑娘的情绪完全受她的野心支配。正是这个性格特征使我们得以洞察她与父母的决裂对她影响至深的原因。她母亲是位严厉、正直的人,有许多优良的品质,虽然她以高压手段对待女儿。她知道如何服从丈夫(至少在表面上如此)而不真正降低自己的身份。实际上,她不无自豪地让人注意到自己对丈夫的顺从,并视之为一种荣耀。在这个家庭中还有一个儿子。这位儿子是一个性情脾气完全像他父亲的人,延续家族传统,继承财产的希望,统统落在了他的头上。全家人都把他看得比姑娘更重。这个事实进一步刺激助长了这姑娘的野心。这个从小养尊处优、深得父母庇护的姑娘因为婚姻而陷入困苦的境地,使得她经常带着与日俱增的不满想起父母对她的虐待。

一天夜里入睡之前,她发现门被打开,圣母玛利亚走到床前,说:"因为我非常爱你,所以必须告诉你,你将于12月中旬死去。我不愿让你毫无准备。"

这个幻象并没使她感到害怕,但她叫醒了丈夫,将来龙去脉告诉了他。次日,她去找医生,把这事也告诉了他。这显然是一个幻觉,但她坚持说,对所发生的一切,她看得十分清楚,听得非常明白。初看起来,这似乎不可能,但运用我们的知识,就能很好地理解。情况是这样的:这是一个极具野心的姑娘,同时,我们的诊察表明,她具有支配其他所有人的倾向。与其父母决裂以后,她发现自己为穷困所恼。一个人如果竭力要征服生活中的一切,必然会设法去接近上帝并与之交谈。例如在祈祷中,圣母玛利亚就经常出现在想象中,谁也不会觉得这事有什么特别值得注意之处,虽然这姑娘的情形还需要进一步说明。

不过，一旦我们懂得了灵魂可能玩的小花招以后，这件事就完全失去了它的神秘性。在类似的情况下，不是有那么多人都做过荒诞不稽的梦吗？其区别实际上只在于：这位姑娘可以睁开双眼做梦。我们还必须补充一点，她的压抑感使她的野心处于很大的压力之下。现在，我们意识到，实质上另一位母亲来到了她的身旁，而且是在大众心目中最伟大的那位"圣母"。这两位母亲必须形成一定的对照。圣母的出现是因为她自己的母亲不曾到来。这幻象的出现是对她生母不够关心女儿的谴责。

这姑娘现在意图证明她父母是错误的。12月中旬并非一个无足轻重的时间。在每年的这个时候，人们更倾向于考虑更深层的关系，大多数的人以更大的温暖和热忱相互接近，赠送礼物、贺年卡等。也是在这个时间，言归于好的可能性变得更大，所以我们可以知道，这个特殊的时间与她发现自己所处的窘境密切相关。

这个幻觉中唯一奇怪的事情是，圣母温情地来到她身边，带来的却是她死期将至这个坏消息。她对丈夫讲述这一幻象时所用的几乎是幸福的语调，这一事实也绝非无足轻重。圣母的预言很快在她狭小的家庭圈子中传了开来，医生次日也知道了此事，因而她母亲很快便回心转意，来看望了她。

几天以后，圣母玛利亚再次出现，又说了与上次完全相同的话。当我们问及她与她母亲的会面结果如何时，这姑娘回答说她母亲不承认自己做错了事。因此我们看到的仍然是老一套。她想要支配她母亲的愿望没能实现。

这时，我们曾期望让她父母明白女儿生活中实际发生的一切，于是，特地安排了一次姑娘与她父亲的会面。场面很感人，但这姑娘仍不满意,说父亲有夸张做戏之嫌,还抱怨说父亲让她等得太久了!可见,即使赢得了胜利,她仍不愿意纠正自己的错误,仍想要证明别人都有错,唯有她自己是正确的一方。

由前面的讨论我们可以得出结论,幻觉出现于精神压力最大、人们担心自己目标不可能实现的时候。毫无疑问,在社会发展相对落后的地区以及在遥远的往昔,幻觉对人有着相当大的影响。

游记中对于幻觉的描述是众人皆知的。沙漠中的海市蜃楼就是个极好的例证。人们在沙漠中迷了路,又饥又渴,疲惫不堪,生命危在旦夕,巨大的精神压力使人们通过想象为自己创造出一个清朗的、使精神为之一振的境况,以躲避环境带来的不愉快压力。这里的海市蜃楼象征着一种新的境遇,它对于精疲力竭的人们是一种鼓励,能使之重振精神,下定决心,继续前进。另一方面,它又是一种安定剂或麻醉剂,能使人忘却苦难和恐惧。

对于我们,幻觉毫不新奇,因为在知觉、记忆机制和想象中,我们已看到过类似的现象。在讨论梦境的时候,我们还将看到同样的过程。想象力的强化,以及对高级中枢批判功能的排除,可以很容易地导致幻觉出现。在必要的情况下,或是在危险的境况中,或是在人的机能受到威胁的高压下,人就可能凭借这一机制来掩盖或战胜自己的软弱感。压力越大,就越有必要置危机于不顾。在此情况下,在"努力自救!"这类座右铭的激励下,人就会调动所有的精神活力去逼使其将想象转化成幻觉。

错觉(illusion)与幻觉密切相关,唯一的区别只在于它仍保留着一些外部联系,只是曲解了这种外部联系,就像歌德的《魔

王》中的情形一样。背后潜在的情势,心理上的危机感则是同样的。

让我们再举一个例子,来说明在需要的时候,灵魂的创造力可以使人产生错觉或幻觉。有一个出身于富贵之家的男人,由于学业不佳而一无所成,当了一个无足轻重的小职员。前途的无望使他背负起沉重的精神负担,朋友们的责备更增加了他的精神压力。在此情况下,他开始酗酒,立马尝到了遗忘的甜头,也找到了一个给自己的失败开脱的借口。不久,他因震颤性谵妄而被送进医院。谵妄(delirium)与幻觉关系甚密,在因酒精中毒引起的谵妄状态下,患者常看到老鼠、昆虫或蛇一类的小动物,与患者的职业有关的某些幻觉也会出现。

这位病人被送进了医院,医生坚决反对他喝酒。他们对他进行了严格的治疗,使他彻底戒掉了酒。他痊愈出院后,三年都滴酒不沾。最近他又回到医院,因为病况有了新的发展。他说总看见一个斜眼、咧嘴狞笑的人在一旁监视自己工作。他现在只是一名临时工。有一次,有人嘲笑他所干的工作。盛怒之下,他举起铁镐就朝那人投去,他想看看那是个真人还是个幽灵。那幽灵侧身躲过飞来的铁镐,又飞快朝他扑来,把他狠揍了一顿。

关于这次事件,我们再也不能说是什么幽灵了,因为那所谓的幻象可是实实在在的拳头。答案并不难找到。他素有产生幻觉的习惯,可这次他把一个真人当作了幻象。这就清楚地向我们表明,虽然他戒掉了酗酒的毛病,但出院后其情形却变得更糟。他失去了原有的工作,被逐出了家门,不得不靠做临时工谋生,而这在他和他的朋友们眼中是最下贱的工作。他生活中的精神压力并未减轻。虽然他得到了痊愈,戒掉了酒,但却因失去了原有的慰藉而显得更加不幸。他在酗酒时还好歹有一个小职员的工作,家里人大声谴责时,他还能找到借口,说自己是个酒鬼,所以一事无成。"自己是个酒鬼"这个借口比起连工作都保不住的谴责,总要好受一些。康复后,他又得直面现实,这现实比起从前的境况,一样地使他感到压抑。倘若他再失败,便再也找不到自我安慰的借口了:从前可以责怪酒精,现在似乎就只有责怪自己了。

正是在这个精神危急状况中,幻觉重又出现。他认为自己现在的处境和从前的处境完全相同,并仍以一个酒鬼的态度去看待世界。他明白地告诉自己,整个的一生都因酗酒无度而被毁了,现在已毫无挽回的余地。他希望能够因为自己是个病人而摆脱他那大失体面、令人不快的工作,不再去挖沟,不再为自己做出决策。上述幻觉持续了很长时间,直到他最后再次被送进医院。现在,他靠着这样的想法来安慰自己,要不是因为自己不幸染上酒瘾,原本是一定能有所成就的。靠着这种方法,他得以对自己的人格保持一个很高的估价。对他说来,保持自己人格估价不致跌落比保住工作更重要。他所有的努力都是要说服自己确信,如果不是时运不济,他一定能成就一番大业。正是这种证明使他在人际关系中得到一种平衡,使他确信其他人并不比自己强,只不过自己的道路上横着一块不可逾越的障碍罢了。他一直在竭力寻找托词,借此安慰自己苦痛的心灵。而正是在这种心境的影响下,出现了那个斜眼偷窥他的人的幻象。这幽灵成了他自尊心的救星。

3. 幻想

幻想(fantasy)是灵魂的另一种创造性机能。在前面已经叙述过的种种现象中,都可看到这一活动的踪迹。正像那些能清晰地进入到意识之中的记忆和那些在头脑中建立起奇妙的上层建筑的想象一样,幻想和白日梦也应被看作是灵魂的创造性活动的一部分。构成幻想的一个重要因素,是任何运动着的有机体都具有的一种基本能力,即预见(prevision)和臆断(prejudgment)。幻想与人这个生物体的可运动性有着密切的关联,而且实际上不过是一种预见的方法而已。儿童与成人的幻想,有时又称为白日梦(daydream),总是关注于未来,其活动的目标是建筑"空中楼阁",即以虚幻的形式为真实的现实建立一个典范。针对儿童幻想所做的考察清楚地表明,对权力的渴求发挥着主要的作用。儿童往往通过白日梦的形式来施展自己的雄心壮志。这类幻想大都以"我长大以后将要怎样怎样"一类的话作为开场白。也有许多成人在生活中显现出自己还没长大的迹象,拼搏奋争、追权逐利明显地成了他们的生活重心。这再度向我们表明,只有确立了既定的目标,灵魂生活才能得以发展。在我们的文明中,这个目标就是要得到社会的承认和出人头地。个体绝不会长久地停留在追求某种中庸之道上,因为人类社会生活始终伴随着不断的自我估价,这种自我估价必然导致产生高人一等的愿望和在竞争中取胜的希望。儿童的幻想几乎全都涉及这样的情境,在这种情境中他的权力能得到充分的表现。

但这里我们显然不能一概而论,因为不可能为幻想的程度或想象的范围规定一个尺度。我们前面所说的在许多情况下都是有效的,但对另一些情形则可能不适用。那些带着好斗的眼光看待生活的儿童,其幻想力将得到较大程度的发展,因为他们的好战态度使他们事事提防,处处小心,始终处在高度的紧张中。至于那些柔弱的儿童,由于生活对他们来说总是不那么顺心,幻想力也将得到较大的发展,并使他们趋向于孤身独处,沉溺于自己的幻想之中。在一定的发展阶段,他们的想象力可能成为一种用来逃避生活现实的心理机制。幻想可能被滥用,来作为对现实的谴责。在此情况下,它变成了一种对权力的陶醉,个体可以凭借其想象的杠杆,使自己摆脱生活的卑微与渺小。

社会感以及为获得权力所做的拼搏,也在幻想生活中发挥着重要的作用。在儿童的幻想中,为获得权力而做的拼搏经常表现为要将此权力运用于某些社会目的。有些儿童幻想着成为一个救世主、好骑士、一个战胜邪恶势力或魔鬼的凯旋者,在这类幻想中,我们往往能清楚地看到上述特征。也有的儿童常常幻想自己并非父母所生,他们相信自己本应是另外某个家庭的成员:有朝一日,他们真正的父亲,一个显贵要人,会来把自己带走。这种幻想常见于有着深切自卑感的儿童,他们所应得而未得的一切,常常萦绕于梦魂之中;他们或者在别人眼中显得无足轻重,或者不满足于现有家庭圈子里所接受的爱意与温存。那些外表总是表现得仿佛已经长大成人的儿童,其实恰恰暴露了他们内心渴求显赫的愿望。有时候这种幻想几乎以病态的方式表现出来,比如,有的儿童只戴礼帽,或到处去捡雪茄烟蒂,好让自己显得像个男人;再比如一些希望自己是个男人的姑娘,她们的举止态度、穿着打扮都像男孩子。

人有时会说某个孩子缺乏想象力,这显然是个错误。要么是他们不爱表现自己,要么就是有别的原因逼使他们压抑自己,不让自己的幻想表露出来。使自己的想象隐而不露可以让儿童从中得到一种权力感。由于受到外来压制并竭力想适应现实,这些儿童往往认为幻想会使自己有失男子气概或显得孩子气,因而不愿沉湎于幻想之中。在一些情况下,这种对幻想的厌恶会发展到极端,以致表面看上去他们似乎完全缺乏想象力。

4. 对梦的一般考察

除了前面已经描述过的白日梦以外,我们还必须论及在我们睡眠中所发生的重要而意味深长的活动,即夜梦。一般而言,日有所思,夜有所梦,我们可以说梦是白日梦的重演。老一辈经验丰富的心理学家们曾指出过这样一个事实,人的性格可以从他的梦中了解到。实际上,自人类历史发端以来,梦就在很大程度上成了人类思想的一部分。和在白日梦中一样,在睡梦中人也仍在努力规划、设计,将他的未来生活导向一个安全的目标。二者之间最明显的区别是白日梦较易于理解,而睡梦的意义却鲜为人知。睡梦之难以理解并不足为奇。人们常在有意与无意之间流露出这样的观点,认为睡梦是多余而无足轻重的。我们可以先这样说,人对权力的奋争,对克服困难、稳固自己未来地位的努力,都会在睡梦中发出回声共振。对于精神生活所面临的问题,睡梦能为我们提供重要的理解突破口。

5. 移情与认同

灵魂不但有感知现实中实际存在物的能力,也有对将要发生的事进行感觉、推测的能力。这种能力对人类而言是一个重要的贡献,因为人这个物种在适应外界的过程中总是不断地面对种种困境。我们将此能力称为认同或移情能力(identification or empathy)。这种能力在人身上高度发达,其存在范围是如此之大,以至于在精神生活的每一角落都可见其踪迹。如果我们被迫预见、预断或预测在某一特定情势下该如何行动,就必须学会怎样去利用我们的思想、感觉和感知的相互关系对此情势做出正确的判断。重要的是要获得一个着眼点,我们好借此以加倍的努力去迎接新形势,或以百倍的小心去避免它。

移情出现在人们相互交谈的时候。如果不能在交谈的同时设身处地认同对方,则不可能理解对方的话。戏剧便是以艺术化的手段表达移情的一种方法。移情的例子可见于当某人注意到另一个人身处险境时,所产生的一种奇怪的焦虑不安感。这种移情作用可能非常强烈,致使他不由自主地做出防御动作,尽管他自己并没有危险。我们都知道当某人不小心摔坏了杯子时,在场的旁人可能做出的动作。在保龄球场,我们常可看到某些运动员的身体随着球的滚动而扭曲或伸展,仿佛他们想借此运动影响球的滚动路线。同样,在足球比赛中,看台上的观众在他们所喜欢的队员乘胜进军时,会做出仿佛在随其方向运动的姿势;在对方队员得球时,又会做出带有抵抗意味的动作。较为常见的表现方式是,汽车乘客在感到危险迫在眉睫时,会身不由

己地做出踩刹车的动作。如果某人在一座高楼上用水擦洗窗户,从楼下经过的人大都会紧缩身子或做出遮挡回避的动作。当演讲者乱了方寸、讲不下去时,听众也会感觉压抑和不安。特别是在剧院里,我们很难避免使自己认同于演员,很难不在内心中扮演和充当各种各样的角色。我们整个的生活在极大的程度上依赖于这种认同能力。如果要追溯这种在行动上、感觉上觉得自己仿佛是另一个人的能力的起源,我们就可能在与生俱来的社会感中发现它。**这实际上是一种宇宙感,它反映了存在于我们内心的那一个宇宙的相互联系;它是人作为人不可逃避的根本特征。它使我们能够对存在于我们身外的事物表示认同。**

移情作用在程度上各不相同,就像社会感在程度上各不相同一样。这些可以在儿童身上观察到。有些女孩醉心于她们的洋娃娃,就好像这些洋娃娃也是人一样;而另一些儿童则对自己的内心世界感兴趣。如果将人与人之间的社会关系排除在外,转而去关注不那么有价值的或无生命的物件,则个体的发展就可能完全停止。我们见到有些儿童会虐待动物,如果不是几乎完全缺乏社会感,则这种现象根本不可能发生;如果有了对其他生物的痛苦设身处地的想象,这种事是不可能发生的。这种缺陷的结果导致儿童认为与其同伴的关系价值甚小,或对其认为不值一提的东西没有兴趣,使他们只考虑自己,完全失去了对他人的喜怒哀乐的兴趣。这些表现与缺乏移情能力密切相关。如果设身处地地想象他人处境之能力的欠缺发展到了极端,个体就会彻底拒绝与同伴合作。

6. 催眠与暗示

为什么一个个体能够对另一个体的行为发生影响呢？对这个问题，个体心理学的回答是：这种现象是与我们精神生活共存的现象之一。除非某一个体能够影响另一个体，否则我们的社会生活就将成为不可能。这种相互影响在某些情况下变得特别突出，比如教师与学生、父母与孩子、丈夫与妻子的关系就是如此。在社会感的影响下，人在一定程度上都乐于受其环境影响。这种接受影响的自觉自愿程度，要视施影响者对受影响者的权利的考虑程度而定。施影响者如果是在伤害对方，那他就不可能对受影响者保持持久性的影响。**要最大限度地影响某一个体，就必须使他感觉到自己的权利得到了保证**。这是教育学中的一个至关重要的论点。也许有可能构想出甚至实施某种别的教育方法，但是对此观点给予充分顾及的教育制度将取得充分的成功，因为它与人最原始的本能，即人与人、人与宇宙的相互联系挂上了钩。

只有在遇到某个有意使自己远离社会影响的人时，它才会失败。这种远离绝不是偶然发生的，在此之前一定曾有一番持久激烈的内心斗争，在斗争过程中，他与社会的联系一点一点地被解除了，以致最后他竟公然对这种社会感进行反抗。此时，对他行为的每种形式的影响都变得更加艰难，甚至根本不可能。我们看到的将是这样一种戏剧性情景，即他对想要影响他的任何尝试，都报之以攻击和反抗。

感觉深受环境压制的儿童，会对其教育者所施加的影响表

现出敌对情绪。然而,在某些案例中,由于巨大的外部压力犹如秋风扫落叶般地排除了所有障碍,权威的影响得以维持与服从。我们可以毫不费力地证明,这种服从对于社会毫无益处。这种服从有时表现得十分奇怪,服从者本人被弄得不能适应生活,他们习惯于卑躬屈膝与盲从,没有别人的发号施令便无法行动或无法思考。这种影响甚广的屈从之所以极其危险,是因为这些唯命是从的儿童长大成人以后,往往会听从任何一个人的命令,哪怕是要他去犯罪的命令。

在犯罪团伙中常可见到十分有趣的例子。执行团伙头子指示的小喽啰就属于这一类人,而团伙头子往往运筹帷幄,远离作案现场。几乎在所有处理团伙犯罪的诉讼案中,都可以找到这类充当爪牙的俯首听命的人。这种盲目的服从影响甚广,有时甚至达到了不可思议的程度,有人不仅甘于任人摆布,而且还为此感到骄傲,认为这是实现其野心的满意途径。

如果我们来观察一下相互影响的正常情形,就会发现**最容易受影响的是那些服从法律、通情达理的人,而他们的社会感所受的歪曲程度也最小。相反,那些渴望强人一筹,切盼操纵支配他人的人,则最难于被影响。**观测的结果每天都在告诉我们这样一个事实。

父母对孩子的抱怨很少是由于他们的盲目服从;最为常见的抱怨都是起因于他们的不顺从、不听话。研究表明,这些儿童被禁锢在一种人人都渴望他出人头地的环境气氛中,他们拼命反抗,想要摧毁那幽禁他们的围墙。但由于家中父母错误的方式,教育的影响已很难对他们发生作用。

渴求权力的强烈程度与接受教育的可能性成反比。虽然如此，我们的家庭教育大都立足于鞭策儿童，使之以凌云的壮志迈向未来。这并非是由于父母欠缺考虑，而是由于我们整个的文明都在激发着这种积极向上的精神。就如在我们的文明中一样，在我们的家庭中，最受强调的是，个体应比周围环境中其他所有人都更杰出，更好，更光荣。在关于虚荣的那一章里，我们还将进一步论述这种激发抱负的教育方法对社区生活有怎样的害处，以及心智发展怎样地受壮志野心所带来的困难阻碍。

个人的无条件服从，使他深受环境的影响。想象一下服从于他人的所有狂想（即使是短时间地）会是一种什么样的情形吧！催眠术就建立在这样的基础上。任何人都可以说自己愿意接受催眠，但实际上却可能缺乏屈从于他人的精神准备。另一种人则可能虽然有意识地进行抵制，但实际上却本能地渴望屈从。在催眠状态中，决定被催眠者行为的唯一因素是他的心理态度。至于他所说的一切或所相信的一切，则是无关紧要的。由于不明白这一事实，人们对催眠术产生了许多误解。在催眠术中人们表面上似乎是在抗拒着催眠，但实际上却渴望服从催眠者的命令。这种渴望存在着程度上的不同，因而催眠的效果也因人而异。对催眠的渴望程度完全不取决于催眠者的意志，而取决于被催眠者的心理状态。

从本质上看，催眠颇似睡眠，其神秘性只在于这种睡眠可以由另一个人的命令来决定。这种命令只对乐于接受此命令的人才行之有效。决定性的因素照例是被催眠者或受试者的天性和性格。唯有同意别人的命令，而不使用其批判机能（critical faculty）的人才能进入催眠状态。催眠之所以不同于普通睡眠，在于它对于运动机能的排除达到了如此程度，以至于运动中枢也

完全受催眠者的命令调动。在此状态下,被试者处于一种朦胧的睡意中,只能记得起催眠者允许他记起的事情。催眠中至关重要的特征是我们的批判机能——这灵魂最精致优良的产物,在整个催眠过程中陷入了瘫痪状态,接受催眠的被试者可以说已经变成了催眠者的一只手臂,一个听由后者支配的附属器官。

大部分具有影响他人行为之能力的人将这一技能归功于他们特有的某种神秘力量。这就导致了巨大的危害,特别是传心术(telepath)和催眠术之有害活动的进行。这些术士对人类犯下如此滔天大罪,他们为了达到其险恶目的不惜使用任何手段。当然,并不是说他们所行的这一切奇事是靠着欺骗来进行的。不幸的是,人这种动物从骨子里趋向于屈从,在那些装神弄鬼、做出一副具有特异神力的人面前,很容易就成了牺牲品。有太多的人都习惯于不经验证就承认某一权威。公众想要被人愚弄欺骗,想要被人的虚张声势吓住,而不对此虚张声势进行理性的审视。这种活动不会给人类的社会生活带来任何秩序,而只会不断地引起被欺骗一方的反抗。贯行传心术和催眠术的人没有一个能够洪福齐天,长此以往地玩弄他的把戏。他们常常会遇到一个死对头,一个所谓的被催眠者,并被他骗得一塌糊涂。

在另一些情况下,真理与谬误以一种奇怪的方式混杂在了一起:被催眠者可以说是个被骗的行骗者,他在某种程度上骗了催眠者,但又使自己服从于后者的意志。在此处明显起作用的绝非催眠者的功力,而总是被催眠者的乐于服从。没有什么魔力能够影响被催眠者,除非是催眠者拉大旗做虎皮的能力。任何习惯于理性生活的人,任何习惯于自己拿主意作决定的人,任何不愿不加批评就轻信他人话语的人,自然都不会中催眠术的邪,也绝不会为传心术所惑。催眠术和传心术只对奴性十足的盲从者有效。

讲到这里,我们必须谈谈暗示。将暗示归入印象(impression)和刺激的范畴最易于理解。不言而喻,没有人只是偶尔地受到外部的刺激。我们都持续不断地处于外部世界不可胜数的印象影响之下,绝不可能只对一种刺激有所感知。某个印象一旦被感觉到,就会不断地对我们发生作用。当这些印象以另一个人的要求或恳求的形式出现(他的目的在于说服我们接受他的观点)时,就是我们所谓的暗示。这种情形不过是对一种已经存在于被暗示者心中的观点进行改变或强化。真正较难理解的问题是,每个人对于来自外部世界的刺激都会做出不同的反应。他受影响的程度和他的独立性密切相关。有两种人是我们必须记住的:一种人对于他人的见解总是估计过高,因而低估了自己的见解,也不管自己正确与否。他们喜欢高估他人的重要性,并且欣然地依他们的见解而行。这种人极容易受暗示或催眠影响。另一种人将每一种刺激或暗示都视为侮辱,他们认为只有自己的见解是正确的,至于究竟正确与否则毫不关心,对其他人的观点他们一概漠然视之。这两种人都有弱点。第二种人的弱点在于,他们将其他人的观点全部拒之门外。属于这一范畴的人通常都喜斗好战,虽然他们可能自称开明、通情达理,但其实只是为了巩固自己孤立于世的状态。事实上这类人往往很难接近,跟他打交道相当困难。

第 5 章

自卑感与追求认同

决定个人存在之目标的是自卑感、不足感和不安全感。奋力争取独占高枝,迫使父母注意自己的倾向在生命之初的日子里就已显露了出来。

1. 儿童早期的情形

现在,我们当然已在理论上做好了充分的准备来接受这样一个事实,即具有天生缺陷的儿童较之于自小就享有生之乐趣的儿童在对待生活及其伙伴上,有着截然不同的态度。我们可以发现这样一个普遍规律:带着器官缺陷来到世间的儿童从很小开始就被卷入了一场苦涩的生存斗争,结果往往是社会感的发展遭到无情扼杀。他们无心去适应同伴的兴趣,只是醉心于自身的思考以及给他人留下的印象。由器官缺陷带来的自卑,同样适合于社会或经济方面的负担,这种负担可能表现为一种额外重负,并导致一种对世界的敌对态度。从很早开始,这种决定性的趋势就被确定了下来。这类儿童常在两三岁时就开始感到,自己在竞争中各方面都不如同伴;即使在普通的游戏和娱乐中,他们也总是对自己信心不足。以往饱受的艰辛,结果使他们

产生了被人忽略的感觉,这种感觉进而表现为一种焦急期待的态度。我们必须记住,每个儿童在生活中都处在一个不太有利的,若不是家庭为他提供了一定量的社会感,他将不可能在生活中自立。我们还意识到,在每个人的生命之初都或多或少地隐藏着一种深刻的自卑感,这可以从每个婴儿柔弱和无能为力的境况中找到根据。或迟或早,每个儿童都会意识到,自己不能单枪匹马地应付生活的挑战。自卑感是儿童拼搏奋争的驱策力和起始点,它决定着这个儿童将以何种方式在生活中得到宁静与安全,它决定着他的生活目标,并为达到这一目标而扫清前进中的障碍。

一个儿童的可塑性与他的生理潜能有着密切的关系。但有两个因素会破坏这种可塑性:一种是被夸大、强化却未得到消解的自卑感;另一种是其目标不但要求得到安全、宁静和社会平衡,而且还渴望获得影响环境的权力,达到支配其伙伴的目的。有这种目标的儿童很容易认出来。他们惯于把所有的经验都看作是失败,并且总认为自己受到自然和周围人的忽略与歧视,因而沦落为"问题"儿童。我们必须将所有这些因素都考虑进去,才能认识到在儿童成长过程中,心灵扭曲、发育不健全、错误迭出等诸多问题是如何难以避免。每一个儿童在其发展过程中都冒着误入歧途的危险,每一个儿童迟早都会发现自己处于某种危险的境地。

既然每个儿童都注定要在成人一样的环境中长大,他的境遇决定他必然以为自己娇弱、渺小、无力独立生活;他不相信自己能够不出错误、干净利落地完成那些成人认为他能做好的简单工作。我们在教育上的许多失误就是从这里开始的。我们的要求超过了儿童的能力范围,这使得儿童一想到自己的无能为力,就深感羞愧难当。甚至还有这样的成人,他们有意要让儿童感到自己的微不足道和无可奈何。还有一些儿童被看作是玩具、电动洋娃娃,或者是必须小心守护的贵重财产,甚至还有些儿童被看作是一钱不值、毫无用处的废物。父母和成人方面的这种态度,常致使儿童以为自己只有两种选择:要么讨成人的喜欢,要么失宠于成人。因父母而产生的那种自卑感可能因我们文明中的某些特性而进一步强化,不把孩子当回事的习惯就属于这一范畴。儿童得出这样的印象,他是个无名小卒,没有权利,是成人生活的点缀,没有发言权;他必须谦恭殷勤,不言不语,等等。

很多儿童在担心遭人嘲笑的恒久恐惧中长大。对儿童的嘲笑奚落差不多就是犯罪。其后果将长久地存留在儿童的灵魂之中,并转化为他成人时期的习惯和行动。儿时常遭人奚落的成人很容易认出来,他不能摆脱对再次受到嘲弄的恐惧。不严肃认真地看待儿童的另一实例是习惯性地在他们面前撒出弥天大谎。结果是儿童不但开始怀疑周围环境,而且还开始怀疑生活现实的严肃性。

我们的病例中曾记载着这样的儿童:他们在学校里总是无缘无故地发笑。问及其原因时,他们承认说以为学校不过是父母所开的一个玩笑,不必当真对待!

2. 自卑感的补偿:求得承认和对优越感的追求

决定个人存在之目标的是自卑感、不足感和不安全感。奋

力争取独占高枝,迫使父母注意自己的倾向在生命之初的日子里就已显露了出来。 在此我们可看到,受自卑感影响,渴望获得认可的愿望初现端倪,达到某个目标,以便显得比周围环境更优越成为他最主要的目的。

社会感的程度和质量会帮助出人头地这一目标确立。假如不将个体出人头地的个人目标与其社会感的强烈程度作比较,我们就无法对此个体作出判断,不管他是儿童抑或是成人。他的目标已定,而目标的实现或可保证他获得优越感,或提高对自我的评价,以使生活显得有价值。正是这个目标使我们的感觉富有价值,联系并调整我们的感情,激发我们的想象,引导我们的创造力,并决定我们应当记住什么和忘掉什么。我们能够意识到感觉、感情、恋慕之情和想象所具价值的相对性,因为即使这些东西也都不是绝对的参量(quantity);为一确定目标所做的努力程度影响着我们的精神活动,我们的知觉受它的偏见支配,选择指向人格努力奋争的最终目标。

我们根据一个固定的点来确定我们的方向,这一点是我们人为创造出来的,实际上并不存在,只是一种虚构。这一假定之所以必需,是因为我们精神生活存在不足。这与其他科学中所使用的虚构很相似,比如用根本就不存在、但却极为有用的子午线来将地球划分为不同区块。在涉及所有精神虚构的案例中,我们始终不得不事先假定一个固定的点,哪怕进一步的观察会逼使我们承认这一点实际上并不存在。我们这样假定的目的只在于在一片混乱的生活中确定自己的方向,以便能对种种相对价值有所领悟。这样做的优点是:某一固定的点一旦被假定下来,我们就可以据此对自己的所有感觉和情感进行分类。

因此，个体心理学为自己创立了一套具有启发性的体系和方法，它把人的行为理解为一种合目的的关系网络。这种网络是在人这种生物体的基本遗传潜能之上，在努力实现某一确定目标的影响下形成的。然而经验表明，为一目标奋斗这一假定不单是一种为一时之便而进行虚构，它与实际事实在许多根本点上都不谋而合，不管这些事实存于意识生活之中，还是无意识生活之中。为一目标而奋斗以及精神生活的有目的性不仅仅是一种哲学的假定，而且也是一个基本事实。

为争夺权势而努力是我们当下文明体系中最大的一个弊端。在探究如何卓有成效地抵制这一恶劣趋势的过程中，我们发现自己面对重重困难，因为这种奋斗早在儿童仍处于不可理喻阶级的时候便已经开始了。人们只能在儿童以后的生活中尝试改善或纠正这一倾向。然而在这种时候，与儿童生活在一起并不能为我们提供机会去充分发展他的社会感，进而去引导他将为个人权势而奋斗视作一项不值一提的目标。

还有一个原因，儿童争夺权势的行为并不是公开表露出来的，而是遮掩在慈善、温柔的外衣后面。他们的活动在面纱之下进行着，他们小心翼翼地希望能借此方法避免泄露天机。为权力而做的奋争如达到放纵不羁的程度，就会使儿童的精神发展退化变质；获得安全与权力的动力一旦超过正常的限度，就可以变勇气为蛮勇，变服从为怯懦，变温柔为凌越世界的阴险狡猾和变节不忠。所有的自然感情或表达最终都将伴随一种虚伪的精打细算，其最终目的是要征服周围的一切。

教育通过有意识或无意识地补偿儿童不安全感的愿望去影响儿童，同时也靠着教会他生活的技能、赋予他训练有素的理解力以及使他具有对其伙伴的社会感去改变他。所有这些措施，无论源自何处，都是帮助成长中的儿童摆脱不安全感和自卑感的手段。在此过程中发生于儿童灵魂之中的事，都必须根据他显露出的性格特征来判断，因为这些特征是他灵魂活动的一面反光镜。虽然儿童实实在在的劣势对于他的整个心理状况至关重要，但绝非衡量其不安全感和自卑感的准则尺度，因为这两者主要取决于他如何看待这些劣势。

我们不能期待儿童在任何情况下都能对自己做出正确的估价，因为即使成人也做不到这点！正是由于此，才使我们面临重重的困难。儿童将在一个极其错综复杂的境遇中成长，因此，对自身劣势做出错误的判断在所难免。另一些儿童也许能更好地理解他的处境。但总的说来，儿童对其自卑感的理解每日每时都有所不同，直到最后得到巩固强化并作为一种明确的自我估价表现出来，这就是儿童表现在他所有行为之中的那个自我估价的"恒量"（constant）。根据这个明确化了的自我估价的规范或"恒量"，儿童将总结出来使自己摆脱自卑感的补偿趋向，继而引导他朝着某一目标而努力。

灵魂企望用补偿来缓和令人痛苦的自卑感，补偿机制在有机界有着类似的现象。众所周知，当我们身体的重要器官受到损伤，其生产率（productivity）降低到正常状态之下时，这个器官就会出现增生（over growth）或功能强化（over function）。因此，心脏在血流不畅时似乎从整个身体吸取新的力量，从而可能变得更大，直至比正常的心脏更有力。同样，在自卑感的强压下，或在个体弱小无能、孤立无援的想法的折磨下，灵魂会竭尽全力地去超越"自卑情结"，成为自己的主人。

当自卑感强化达到相当程度时，儿童就会担心自己无法为其娇弱无能找到补偿，于是危险便出现了：他在奋力求得补偿时不会简单满足于恢复力量平衡，而会要求一种过度补偿（overcompensation），寻求一种超额平衡。

对权力的追求可能夸大和强化到病态的地步，这时，普通的生活关系便再也无法令人满意了。在此情况下的运动常带有某种夸张的姿态，并能很好地适应其目标。在研究病态的权力驱力时，我们发现，这些个体为了在生活中求得安全处境，往往会做出超乎寻常的努力，他们更迫不及待，更缺乏耐心，更情不自禁，也更少顾及他人。这些儿童的行动之所以引人瞩目，就在于他们为凌驾于他人之上的夸大目标而做的夸张的行为；为攻击他人，他们必然要保卫自己的生活。他们和世界分庭抗礼，世界也和他们势不两立。

这倒并不一定就是最糟的情形。有的儿童在表达其对于权力的追求时，并非故意要和社会发生直接的冲突，他们的志向也看不出有什么不正常的特质。但仔细观察和研究他们活动和成就，就会发现从整体上讲社会并未受益于他们的成功，因为他们的志向只顾及自身的利益，并且常使自己成为他人道路上的障碍。渐渐地，其他特质也会逐渐显现，如果从整个人类关系来考虑，我们就会发现这些特质具有越来越明显的反社会色彩。

在这些特质中，最显而易见的表现就是骄傲、虚荣和不惜任何代价征服他人的愿望。最后一点可能可以通过抬高自己的相对地位，或者通过贬低与自己有所接触的人等手段而得以实现。在后一情况下，重要的一点是将自己与他人分隔开来的"距离"。他的态度不但令周围的人不愉快，也令他自己极不愉快，因为这

种态度使他频繁接触到生活的阴暗面，无法体会到任何生之乐趣。

极力追求权力的动力是一些儿童用来保证自己拥有环境优越感的手段，但这种驱力很快就会使他们身不由己地对日常生活的普通工作和职责持一种抗拒的态度。将这种渴求权力的个体和一个完美的社会人进行比较，我们就可以得出他的社交指数(index)，即他使自己远离伙伴的程度。一个敏于评判人性的人虽然也会密切关注生理缺陷和不足的重要性，但同时也清楚地知道，在灵魂的发展进化过程中如果没有这些事先经历的困苦，就不可能形成这种性格特征。

充分认识到了磨难对一个人心灵健康发展的重要意义，也便真正看懂了人性。基于此，可以进一步判断，只要我们的社会感得到了健全发展，磨难就绝对不会成为有害的东西。对于那些有生理缺陷或令人不悦的性格特征的人所表现出的愤怒，我们不应持责备态度，因为那不是他们的责任。事实上，我们应当承认他有充分的权利表达自己的愤怒。我们还必须意识到，对于他的处境，我们也负有一定的责任。受责怪的应是我们，因为我们未能以充分的警惕来防止导致这种社会悲剧的发生。如果我们坚持这一立场，就能最终改善这一状况。

对于这些人，我们不应将其视为不值得尊敬、毫不足取的无赖汉，而应把他们看作是自己的同胞手足；给他们创造一种气氛，使其发现自己有可能在此环境中和其他所有人平起平坐，机会均等。不妨设想一下，要是一位一眼就看得出存在某种器官或生理缺陷的人就站在你面前，你会感到多么不舒服！这是衡量你的教养程度、社会正义感，判断你能否与社会感这一真理达成绝对和谐的试金石。我们还可以借此判断我们的文明在多大的程度上受惠于这些个体。

一个不言自明的事实是，带着器官缺陷来到世间的人从一开始就感到了一种额外的生存负担，结果是，他们发现自己在涉及整个人生的问题上显得悲观厌世。还有些儿童虽然他们的器官缺陷并不那么明显，但由于这样或那样的原因，其自卑感也会变得更加强烈，也会有类似的感觉，自卑感可能由于人为的原因而变得非常强烈，并由此得出完全相同的结果，就仿佛这个儿童一来到世间就有严重的残废一样。比如，在此关键紧要时期，严格苛刻的教育就可能导致这样的不幸后果。在儿童生命的早期留下的创伤烙印，将永远地印刻在他们心头，他们所遭遇的冷淡无情妨碍了他们与周围其他人接近。他们认为自己就这样身处于一个缺乏爱意感情的世界，和这个世界没有共同的接触点。

有这样一个病人，他很引人瞩目，因为他总不厌其烦地给我们讲他强烈的责任感和他所有行动的重要性。他和妻子生活在一起，关系坏到了不能再坏的地步。这对夫妻将对每一事件的评估都看作是征服对方的一种手段，甚至论到头发的粗或细都是如此。他们相互争吵、相互责怪、相互侮辱，最后，不可避免的结果就是相互疏远。丈夫所仅存的一点点对同伴的社会感，已经因他对权力的渴求窒息了，至少对他的妻子、朋友是如此。

我们从他关于自己一生的叙述得出了如下事实：在17岁之前，他的生理发育状况欠佳，声音尖细如小孩子，身上无毛，脸上无胡子，是学校里最矮小的学生之一。现在他36岁，从外表上看，没有任何阳刚不足之嫌，大自然似乎已迎头赶上，在他17岁的稚嫩素描上涂抹上了浓重的阳刚色彩。但是在此之前长达

8年间,发育迟缓的问题给他带来了巨大的心理困扰,他无法确知大自然是否会对他的生理性异常做出补偿。整整8年间,将永远停留在"儿童"状态的想法一直在折磨着他。

早在学生时代,就可看到他现在的性格特征的端倪。他做出一副自傲自大的样子,仿佛自己的所有行动都有着绝对的分量。他的一举一动都服务于使自己成为公众瞩目的中心这一目的。随着时间推移,他形成了我们今天从他身上看到的那些性格。结婚以后,他一直忙于给妻子留下这样的印象:实际上他比她所想象的更了不起,更重要。而妻子却总是急于向他证明:他自视过高,自我评价不符合实际!在此情况下,他们的婚姻几乎不可能很好地发展——其实在他们订婚的时候就已经出现了破裂的迹象,所以最后终于在一场社会大动乱中结束。这时,他来找医生,因为婚姻的破裂使他本来就满目疮痍的自尊心变得更加一蹶不振。为了得到治疗,他必须先从医生那里学会如何理解人性,学会如何正确评价他在生活中所犯的错误,并认识到这个错误(即他对自身劣势的错误估价)使他一生都受到了歪曲。

3. 人生的曲线图与世界观

在说明这类病例时,简单明了的办法常是证明孩提时代的印象与病人当前所承受的实际病症之间的关系,而最好的证明办法是用类似于数学公式的曲线图来表示——连接两点的一条线就代表着这个方程式。在许多病例中,我们都可以绘制这种生活曲线图,当事个体整个运动轨迹都可以通过这条精神曲线反映出来。这条曲线的方程式就是个体从孩提时代开始一直遵循的行为模式。或许一些读者会得出这样的印象，认为我们这种过于简单化的做法低估和小看了人的命运，或认为我们倾向于否认人是生活的主宰，因而也就在否认自由意志和自我决断。仅就自由意志而言，这一谴责不无道理。事实上，我们确实认为这个行为模式是个决定性的因素，其最后形式可能会有某些微小的变化，但实质内容、能量与意义从儿童最早期开始则始终保持不变，虽然随之而来的成人环境可能倾向于在某些情况下使之有所限制。在观察过程中，我们必须找出孩提时代最早的个人经历，因为幼儿早期的印象将为我们指出儿童发展的方向，预示他将来对生活的挑战所必然做出的反应。儿童在对生活的挑战做出反应时，将调动他在过去生活中形成的所有心理可能性。他在幼儿最早期所感受到的特殊压力将给他对待生活的态度打上烙印，并以一种原始的方式决定他的世界观及宇宙哲学。

  人对待生活的态度从幼时开始就基本不再可能发生改变，虽然在以后生活中的具体表现方式较人生之初可能大有不同。发现这一点我们应该不会感觉意外。因此，重要的是把儿童放进一个有利的关系中，使他不那么轻易地形成对生活的错误概念。他的身体力量和抵抗力是这一过程中的一个重要因素。他的社会地位和那些对他进行教育的人的性格特征也具有同样的重要性。虽然在人生之初人对生活的反应是自动的和条件反射性的，但在往后的生活中，典型反应却会因某种特定的目的而有所变更。开始时，个人需要决定着他的喜怒哀乐，但到后来，他渐渐开始具备躲避和战胜这些原始需求所带来的压力的能力。这一现象出现在自我发现的时候，也就是差不多在他开始学会

说"我"的时候。也就是在这一期间,儿童已经意识到,他处在与环境的固定关系之中。这种关系绝非中性的,因为它总是逼使儿童根据其世界观,根据其对于幸福和完美的理解而采取完全不同的态度。

如果重述我们在论及人类精神生活之目的时已经做过的讨论,我们就会越来越清楚地认识到,这一行为模式中有一个特别的标志,即它一定是一个坚不可破的完整统一体。将人看作是一个统一人格的必要性在一些病例中变得日渐明显,虽然这些病人似乎表现出截然相反的精神趋向。有些孩子在学校的行为与在家里的行为正好形成对立,正如有一些成人的性格特征表现得正好与事实相反,使我们弄不清其真实性格一样。同样,两个人的行为与表情从外表上看可能别无二致,但根据其基本的行为模式一考查,就会发现他们有着天壤之别。两个个体似乎在做着同一件事,但其实很可能在做着迥然相异、完全不同的两件事;而当两个个体似乎在做着不尽相同的事情时,所做的其实很可能是同一件事!

由于可能存在着诸多的意义,我们绝不能将精神生活的表现看作一个简单、孤立的现象,恰恰相反,我们必须根据它们所指向的那一目标来对它们做出估价。只有知道了一个现象在个人生活的全部前因后果中所具有的价值,才能了解它的基本含义;只有再次肯定了一个人生活的每一表现都是他单一的行为模式的一个方面这一法则,我们才有可能了解他的精神生活。

当我们最后了解到所有的人类行为都以追求一个目标为基础,了解到这些行为自始至终都受着制约时,也就能够了解到在什么地方存在着犯最大错误的可能。这些错误的原因就在于我们每个人都是在按照自己特定的模式,并且正是为了强化自己的个体生活模式而利用着自己的胜利和精神资源的。这之所以可能,只是因为我们对任何事情都不加判断识别,而只是接受、转换和吸收着来自于我们意识的影子中或来自无意识状态深处的所有感知。只有科学能够照亮这一进程并使之能被理解,也只有科学才能规定限制它。在此,我们暂以一个例子来对我们的解释做个总结,并用已学过的个体心理学概念来分析、解释每一个现象。

一位少妇来找医生,抱怨说她对生活有着难以遏制的不满,还说这种不满源于她终日的奔波忙碌,处理着繁多的职责事务。从外表上,我们能看出她是一个忙碌不息的人,双眼里流露出一种总不停歇的表情。她还抱怨说,每当需要做一件简单的工作时,都会有一种不安揪心似地缠绕着她。从她的家人和朋友那里我们了解到,她把一切都看得很重,而且繁重的家务似乎使她有些支持不住了。我们得出的总体印象是,她是一个把一切都看得太重的人,这是许多人所共有的特征。她的一位家人说:"她在一切问题上都小题大做,无谓纷扰。"这话给了我们一个线索。

让我们来想象一下,这样的行为会给一群人或婚姻关系中的另一半留下什么样的印象,以此来检验那些惯于将每一件简单小事都放大的人的倾向。我们不禁认为,这种倾向相当于是在哀求环境不要再将别的工作强加在她身上了,因为这些最基本简单的工作都是她所不能胜任的。

我们关于这位少妇的人格的了解还不够充分,还必须鼓励她进一步倾诉。在这种诊察中,必须旁敲侧击,微妙周全,不能

流露出丝毫让患者觉得我们有意主导她的迹象,因为那样只会激发她的好战心理。我们只要让她树立起信心并给她以谈话的机会,就能通过进一步交谈得出结论:她整个一生都只在挂念着一个目标。她的行为表明,她在试图向某一个人,很可能就是她丈夫,证明她再也不能承受任何义务或责任了,她应该受到温柔的对待和加倍的关心。我们可以进一步推断和猜想,这一定发端于过去的某一时候,那时她就有过类似的要求。我们成功地促使她证实了这一推想:多年以前,曾有一段时间她迫切渴望的是温情蜜意。现在,我们就能更好地理解她的行为了:这是她渴望得到体贴照料的愿望的进一步强化——过去她对于温暖亲切和缠绵爱意的渴望一直没能遂心所愿,现在她这样做乃是为了阻止这样的局面再度发生。

我们的发现在她进一步解释下得到了证实。她告诉我们,她有一个朋友S。S在很多方面都与她完全相反,婚姻生活极为不幸,强烈渴望从中摆脱。一次她去见S,S正拿着一本书站在丈夫面前,用极度无聊的语气跟他说不想做午饭了。这使S的丈夫非常恼火,因而措辞严厉地把她批评得一无是处。对此事件,我们的病人是这样讲的:"当我想起这件事时,我想我的方法要好得多。谁也不会这样来责怪我,因为我从早到晚都忙得不可开交。在我家如果午饭没能按时准备好,谁也不能对我说什么,因为我总是那么匆忙,总有那么多事要做。现在我该不该放弃这种办法呢?"

我们能知道她脑子里在想些啥。她用一种相对而言不关痛痒的方法获得了一定的优势,同时又免受了责怪,因为她总在渴求得到温柔的对待。既然这方法给她带来了成功,要她放弃似乎显得不合情理，但她的行为所传递的含义还不止于此。她对温存的恳求（这同时也是操纵控制他人的一种企图）从来都没有止境，由此必然引发各种各样的矛盾。如果家里有什么东西找不到了，随之而来的必然是一连串的"无事生非"。因此，她要做的事情总是太多，她常犯头疼病，夜里也睡不安稳，因为她总是强迫自己要让一切都井然有序。接到请柬于她是一件不得了的大事。既然一件最简单的事对她来说都是大事，那么到别人家做客就更是难上加难了，她得花数小时乃至数天才能做好准备。我们可以预想，要么她会因不能前往向对方表示歉意，要么至少会迟到。在这种人的生活中，社会感是绝不会超过某种限度的。

在婚姻生活中，存在着一些关系，它们因着这种对温存的渴求而具有特别的重要性。比如，很容易想象到的是，丈夫有时必然要外出办公、单独去其他人家造访，或出席所属协会的会议。在这种时候，如果他将妻子留在家中，你能责怪他不温存、欠体贴吗？我们可以这样说，而这常常也是事实，婚姻关系有理由尽可能地将丈夫留在家里。从某种程度上讲，尽管这一义务似乎是件令人开心的事，但实际上对于任何有职业的男人都是无法忍受的。在此情况下，不和谐情况便难免出现，而在我们这个实例中它很快就出现了。丈夫有时回家晚的情况下，总是尽力避免打扰妨碍妻子，可令他吃惊的是妻子却总还醒着，并向他投来充满责怪的眼神。

类似的情形不用细说我们也都再熟悉不过，也不应忽略这样一个事实：我们所提到的并非只是女人的雕虫小技，因为许多男人也有类似的看法。我们所关心的只是要表明，对特别的关怀体贴的渴望也可能以别的方式表现出来。在我们这个病例

中常出现下列情况：如果在某些时候丈夫不得不在外面过夜，妻子就会告诉他，既然平日里他很少外出应酬，那就不用急着赶回来。虽然她说这话的语调很诙谐，用意却是很认真的。这似乎否定了我们前面所得的印象，但更进一步的观察能使我们看出这两者的关联。做妻子的精于算计，故意显得并没把丈夫管得过紧。表面看上去，她是一副娇媚可掬的样子，具有白玉无瑕的性格。我们感兴趣的只是她的心理现象。她对丈夫讲的那番话真正的深意却在于：这是妻子在发出最后通牒。现在，既然她已经批准了丈夫可以在外面待到很晚，那么如果丈夫再因自己的原因老在外面待着，她就会深感受了伤害和冷遇。她的话在整个事件的表面笼上了一层面纱。她成了婚姻关系中的发号施令者，而丈夫则被迫以她的愿望和意志为转移，虽然他只是在尽着自己的社会义务。

对于这位少妇我们还有一个新的发现，在任何情况下她都只愿做发号施令者。现在，让我们将她对柔情蜜意的渴望与这一发现联系起来看。我们突然意识到，在整个的一生中，她都受着一种冲动的驱策：绝不屈居第二，必须永远维持主宰的地位；绝不让别人的谴责将自己挤出安全地带，必须永远成为她那小生活圈的中心。在所有问题上，她都表现出这种倾向。比如，在必须找一个新保姆时，她会变得异常兴奋。很显然，她关心的是自己能否像操纵前任保姆那样操纵新保姆。同样地，在她要离开家出去散步时，她又会感到沮丧，因为她将要暂时地离开自己的势力范围，离开这个别人无条件地接受她支配的安全地带，走向世界，走上大街，而那里的一切都不在她的支配之下，在那里她必须避开一切汽车，实际上在那里她扮演的只是一个配角。

这些性格特征可能往往以某种令人愉快的方式表现出来，以致乍一看，我们可能不至于想到这个人在受着折磨。另一方面，这种折磨又可能达到极大的程度。想象一下这种紧张感被夸大、强化时的情形吧。有些人害怕坐公共汽车，因为在公共汽车上他们不再是自己意志的主人。发展到极端时，他们甚至根本不愿离开自己的家。

从我们这位患者身上还能进一步看到孩提时代的印象对个体生活发生影响的一个颇有启发性的例子。我们无法否认，这位少妇从她自己的观点看是绝对正确的：如果一个人的态度和他整个的一生都高度聚焦于如何获得温暖、尊敬、荣誉和柔情，那么，总做出一副负荷过重、心力交瘁的样子，无疑是达到这一目标的一个不错的办法。没有别的办法能够像这样随时地挡开批评，同时又逼使环境和风细雨般地待她，还可避免一切可能破坏这颤动不定之精神平衡的东西。

如果再往前追溯，就会发现我们的病人甚至还在学校念书时就已有了这种倾向。每当她没法完成家庭作业时，就会变得异乎寻常的激动，并以此方法逼使老师非常温和平顺地待她。她还补充说，她家三个孩子中，她是最大的一个，下面有一个弟弟、一个妹妹。她常和弟弟发生摩擦，因为弟弟总是受父母的偏爱。令她愤愤不平的是，对弟弟的学习成绩，大家总是十分重视，而自己的成绩（开始她是个好学生）虽好，却无人问津。最后，她几乎再也无法忍受了，便一天到晚地抱怨说，她不知道为什么自己的优异成绩没能受到公平的评价。

由此我们可以知道，这个小姑娘是在奋力求得平等的待遇。而且从孩提时代开始她就有自卑感，并想努力克服它。她在学

校的好成绩没能给她带来报偿,于是她变成了一个坏学生。她想靠成绩不好来超过弟弟!这可算不上道德高尚,但她幼小心灵的小算计告诉她,这样做是合乎情理的,因为这样父母的注意力便会更多地转移到她身上来。她的一些小把戏一定是有意识的,因为她明确无疑地告诉我们,当时她想当一个坏学生!

然而,她父母一点也不因她在学校的成绩不好而苦恼。就在这时,一件有趣的事发生了。她突然在学习上有了显著的提高,因为现在她妹妹作为一个新角色登场了!这个妹妹的成绩也不好,但她母亲对此所表现出的焦虑几乎和对她弟弟的成绩不好所表现的焦虑一样,其特殊原因在于:我们的这位患者只是学习成绩不好,而她妹妹却是品行成绩不及格。这样一来,她自然毫不费力地引起母亲的注意了。因为品行表现不及格比起仅仅是成绩不好有着完全不同的社会效果。父母情急之下,投放了更多的心思在妹妹身上。

争取平等的战斗暂告失败,但争取平等之战的失利绝不意味着永久的和平。没人能忍受这样的局面。从此,我们不断发现形成她性格的新趋向和新活动。现在,我们就能更好地理解为什么她总是小题大做、总是匆匆忙忙、总是显得压力山大。这些最早是做给母亲看的,意在逼使父母能像对弟弟、妹妹一样关心在意她;与此同时,这也是对父母偏爱他们、待自己不好的一种责备。那时所形成的基本态度一直保持到了今天。

我们还可以再往前走,深入她更早的生活。她记得在童年时代有一件特别鲜明生动的事,当时她想用一块木头去打刚刚出世的弟弟,幸亏母亲小心谨慎才没造成大的伤害。那时她3岁,她发现(甚至早于那时)自己之所以受到疏忽怠慢、之所以被父母看不起的原因是因为她只是一个女孩。她记得很清楚,她曾无数次地表达出想成为一个男孩的愿望。弟弟的到来不但将她挤出了温暖的安乐窝,还使她特别地感到受了侮辱,因为弟弟作为一个男孩就受到了她所没受到过的良好待遇。她在为此缺陷努力求得补偿时,偶然地发现了一个方法:要让自己时刻都显得很忙碌。

让我们来阐释一个梦,以表明这一行为模式在她的心灵中是多么的根深蒂固。这位少妇梦见自己在家中和丈夫谈话,但丈夫看上去不像个男人,倒像个女人。这一细节象征着她用以处理自己的一切经验和一切关系的心理模式。这个梦意味着她在丈夫那里找到了平等,他不再是弟弟那样高高在上的男人,而已经像个女人了。他们在地位上没有高低之别。在梦中,她实现了从孩提时代就一直希望实现的目标。

这样,我们成功地将一个人灵魂生活中的两点连接了起来。我们发现了她的生活方式、她的生活曲线、她的行为模式。借此,我们可以得出一个关于她的完整全貌,概括起来就是:我们在这里所面临的是这样一个人,温良谦和的外表,其实只是她渴望成为主宰角色的手段。

第 6 章

人生准备

人类有一个普遍性的现象：每个人都将紧紧地抓住为他的态度提供合理理据的那些念头，将那些可能妨碍自己按既有方式继续下去的念头统统拒之门外。人只敢接纳对自己有益或有价值的东西，凡于对我们有益有用的，我们就存入意识，凡会搅乱我们平衡的，就打入无意识的冷宫。

个体心理学的基本原理之一是,所有的精神现象都可以视作为某一个确定目标所做的准备。在前面已经描述过的精神生活的轮廓中,我们可以看到,人类都在恒久地为未来做准备,并通过这一准备过程让自己得偿所愿,这是一种普遍的人类经验,而我们都必须经历这一过程。所有涉及一个理想未来状态的神话、传说和英雄传奇都与世人为此做的努力有关。所有人关于曾经有一个天堂的信念、人类对未来所有困难都将迎刃而解的愿望,都可以在宗教中找到。灵魂不死的教理,或灵魂的转世都是灵魂能够达到一个新形式这一信仰的明确证据。所有的神话故事都是人类从未放弃对幸福未来的希望这一事实的见证。

1. 游　　戏

　　儿童生活中有一个重要的现象,清楚地显示了为未来做准

备的过程,这就是游戏。游戏不应被看作是父母或教育者们偶然想出的一个主意,而应被视为自然母亲为幻想以及为儿童的生活技能而设计的教育辅助以及为精神提供的刺激。为未来而做的准备可见于所有游戏之中。儿童对待游戏的态度、他做出的选择、他对游戏的看重程度,都表示着他对其环境的态度和关系,以及他将与伙伴发生关联的方式。他是否心存敌意,是否友好,特别是他是否有成为支配者的倾向,都可以通过游戏一目了然地看出来。在观察做游戏的儿童时,我们能够看到他对待生活的全部态度。儿童的游戏可被看作是对未来的准备,这些事实的发现应归功于教育学教授格罗斯,他还在动物的玩耍中发现了同样的倾向。

但是,关于游戏的本质,并不仅仅是在为人生做准备。游戏最重要的意义在于它是一种社会性的操练,能使儿童满足并实现其社会感。回避游戏和玩耍娱乐的儿童总有对生活适应不佳之嫌。这些儿童宁愿避开所有的游戏,要是强行把他拉上运动场,通常会扫了其他儿童的兴。骄傲、自尊不足,以及怕扮演不好自己的角色,都是这种行为的主要原因。一般地,通过对游戏中儿童的观察,我们就能胸有成竹地判断出他的社会感的总量。

占上风这个目标是明显见于游戏中的另一个因素:在儿童想当指挥者和统治者的倾向中显露了出来。观察儿童如何强出风头以及他在多大程度上喜欢那些能为自己提供扮演主要角色的机会的游戏,我们就能发现这一倾向。所有的游戏几乎都含有下列因素中的一个因素,即为生活做准备、社会感、对统治支配权的追求。

然而,在游戏中还有另一个因素,这就是儿童在游戏中表现自己的可能性。在游戏中,儿童或多或少都处于独立的位置,他的表现也受着他与其他儿童的关系刺激。有一些游戏特别着重于这种创造性志向的培养。在为未来职业做准备方面,那些可能让儿童的创造精神受到锻炼的游戏特别重要。在许多人的生平传记中,都可看到他们在儿时给洋娃娃做衣服,后来长大了便给成人做衣服。

游戏与灵魂密不可分,它可以说是一种职业,也必须被看作是一种职业。因此,在儿童玩游戏时打搅妨碍他并不是件无关痛痒的事。游戏也不能被视为一种消遣的方法。在为将来做准备这个目标方面,每个儿童多多少少都有一点成人的味道。因此,假如我们了解了某一个体的童年,对他进行评价时也就能相对轻松地得出结论。

2. 专注与精神涣散

专注是灵魂的特征之一,这一特征处于人之成就的最前列。当我们用自己的感官去考察身外或体内的某一特别事件时,就会有一种特殊的紧张感,这种紧张感并不延伸至我们的全身,而是局限于某一单个的感官,比如眼睛。我们感到,有一种准备在进行着。以眼睛为例,视轴的定向就给了我们这种特殊的紧张感。

专注引发了灵魂某一部分或我们的运动肌群的某一部分特殊的紧张感。与此同时,其他部分的紧张感就会消失。因此,一旦我们希望专注于某一事时,我们就会希望排除掉所有别的干扰。就灵魂而言,专注意味着一种态度,即乐意在我们自己和一

特定事实之间构架一座特殊的桥梁；或意味着为进攻而做的准备，这进攻是出于必需或在某种非常情况下，要求我们全部的机能都调动起来指向一个特别的目标。

除了病人和意志薄弱者，每个人都具有专注的能力，但是，不专注的人也能时常看到。原因有下面几条。首先，疲劳和疾病是影响专注能力的因素。其次，一些人在注意力方面存在欠缺是由于他们不想专注，因为应专注的对象与他们的行为模式不相适；当他们考虑某件与自己生活方式亲近贴切的事时，专注力立即就被唤醒。最后，专注不足的可见于一种敌对抗拒的倾向之中。儿童很容易沉湎于敌对抗拒之中，对于为他们提供的每一种刺激，他们的回答往往都是"不"。有必要让他们的敌对抗拒情绪释放出来。教育者和教育机构的职责，就是通过将他必须学习的东西与他联系起来，使之与他的行为模式协调一致，并使之与他的生活方式贴切靠拢。

有的人能看见、听见、感知到每一变化；有的人完全用眼去探索生活，有的则完全用耳；有的人全无所见、全无所察，对视觉所见毫无兴趣。我们可能发现某一个体在其境遇为之提供了最大的兴趣可能性时，仍是精神涣散，注意力不专，这是因为他较为敏感的感受器（receptor）没受到刺激。

使专注力苏醒的最重要因素是真正根深蒂固的对生活的兴趣。兴趣所处的精神层面远比专注力要深。有了兴趣，不言自明地我们就能专注；凡兴趣之所在，教育者都无须担心专注力问题。兴趣成了为一确定的目标而掌握一门知识的万能钥匙。每个人在其发展过程中都曾犯过错误，自然而然的便是，一旦某种错误的态度在某个人身上固着下来，专注力便同样也被卷入其中。因此,这种专注力被指向了对生活的准备并不重要的事情。当兴趣指向人自己的身体,或人自己的权力时,只要关涉到这些兴趣,只要有待于去赢得的东西,或只要自己的权力受到威胁,他就会变得专注。只要某一新兴趣还未取代对权力的兴趣,专注就永远不可能与外来的事情联系起来。当儿童的被承认与否和重要与否受到怀疑时,我们就能观察到,他们将怎样地立即变得专注起来。另一方面,当他们感到某事对他们来讲"没啥大不了"时,专注便很容易烟消云散。

兴趣不足实际上意味着某人希望从某种本应关注的状况中抽身撤出。因此,说某人不能全力专注于某事是错误的。我们可以轻易地证明他很能保持全神贯注,不过总是专注于他处罢了。所谓意志力和活力的欠缺与不能心神专注的情形很相似。在此问题上,我们常常发现其倔强执拗的意志和百折不挠的活力在另一方面表现出来。治疗并不简单,只能靠改变个体的整个生活方式才有可能成功。每当遇到这类病例时我们都可以确信,这里的不足只是因为他追求的是另一个目标。

精神涣散成为一种永久性性格特征的情况是经常出现的。我们常遇到这样的个体,当他们被委派去做不喜欢做的工作时,要么消极怠工,要么逃之夭夭,结果总是让自己成为他人的负担。他们经常性的兴趣不专成了一个固定的性格特征,一旦到了迫于需要不得不做某件事的关头,这个特征就会表现出来。

3. 过失犯罪与健忘

我们通常所说的过失犯罪(criminal negligence)指的是由于

疏忽了采取必要的预防措施而使某一个体的安全或健康受到威胁的情形。过失犯罪这一现象是注意力匮乏的最高表现。这种关注的不足,是以对同伴的兴趣不足为基础的。通过观察游戏中的儿童,留意疏忽的特征,我们就能确定儿童是只考虑自己,还是也顾及他人的权利。这是衡量一个人的社会意识和社会感的明确标准。社会感发展不足,个体就难以对其同伴产生足够的兴趣,即使面临被惩罚的威胁也无济于事;而一旦有了充足的社会意识,这种兴趣也就必然具有了。

因此,过失犯罪和社会感不足是同一个概念,但我们不能太过气量狭窄,以免忽略了去展开调查,以了解一个人为什么对其伙伴不具有应有的兴趣。

注意力被局限在一定的范围内就会出现健忘,正如不够小心就会丢失贵重物品一样。虽然人有可能产生较大的紧张状态——即是说,兴趣——但这种兴趣可能因心情不愉快而被减弱,这时就会出现记忆丧失,或至少是记忆淡化。比如,儿童丢失课本的情况。我们总可以轻易地证明,这是由于他们还未习惯于学校的环境。经常弄丢钥匙或将钥匙放错地方的家庭主妇通常都是些尚未熟悉家务事的女人。健忘的人通常不愿意公开地表现出自己的憎恶反感,但他们对工作的索然无趣却可以从其健忘的表现中看出来。

4. 无意识

我们经常看到一些未曾意识到自己精神生活现象的意义的人。即使是一个心神专注的人,也很少能够讲出为什么自己能够一下子就把什么都看得清清楚楚。某些精神机能在意识领域里是寻不到踪迹的；虽然我们可以有意识地使注意力达到某种程度，但这一注意力的刺激却未存于意识之中，它们绝大部分都存在于无意识领域之中。从其最大的范围来讲，这既是灵魂生活的一个方面，也是灵魂生活的一个重要因素。我们可以在一个人的无意识中寻觅并找到他的行为模式；而在其意识生活中，则只有一个映象、一张底片。爱虚荣的女人往往对其虚荣心一无所知（虽然她确实在不少地方表现出了这种虚荣）；相反，她的言谈举止会使人只看到她的质朴谦逊。爱慕虚荣的人不一定要知道自己爱慕虚荣。事实上从这位女士的角度来看，想要让她意识到自己虚荣注定徒劳，因为如果意识到了这一点，她也便没理由继续虚荣下去了。我们每个人都是这样，只要选择将注意力集中在某些无关紧要或外在的事物之上，就肯定不会觉得自己有丝毫虚荣之心。这整个的过程都是在暗中进行的。如果你企望和一个爱虚荣的人谈论他的虚荣，就会发现很难就此话题谈论下去。他可能表现出避而不谈的倾向，或闪烁其词，以免搅乱他原有的平静，而这却能使我们更加坚定自己的判断。他想来点小把戏，马上采取了守势，因为他害怕别人会揭穿他的把戏。

　　人可以分为两类：对自己无意识生活的了解高于一般水准的人和低于一般水准的人。这种区分的依据是对无意识范围了解的多寡来决定的。在许多病例中，我们将发现这样一个巧合：属于第二类的个体只专注于一个很小范围内的活动；而属于第一类的个体所涉及的范围则相对广泛，他们对于人、事物、事件和观念有着浓厚的兴趣。感觉自己被逼入绝境的人自然只满足

于了解生活的一块小断面,因为生活之于他们是陌生而不相干的。与那些遵守游戏规则的人不同,他们不能清楚明了地看到生活的问题所在。他们不能理解生活中美好的东西。由于他们对于生活只有有限的兴趣,所以只能感觉到生活问题中无关紧要的部分。这是由于他们害怕更广阔的视野会导致个人权力丧失。在个人经历方面,我们常发现某一个体对自己的生活能力知之甚少,因为他低估了自己的价值。我们还发现,他对自己的缺点也缺乏足够的注意和关心。他可能认为自己是个好人,而事实上他做的一切都出于私利;反之亦然,他可能认为自己私心过重,而进一步的分析表明他实际上是个好人。你如何看待自己或别人如何看待你,实际上并不重要。重要的是你对于人类社会的宏观态度,因为这决定着每一个体的每一愿望、每一兴趣和每一活动。

我们下面将要讨论的又是两类人:第一类人过着一种相对有意识的生活,他们用一种客观的态度对待生活的种种问题,不至于一叶障目,不见泰山;第二类人则以一种有偏见的态度去看待生活,并因而只看见一个很小的片断。这种人的语言和行为总是不自觉地受到某种方式的支配。两个这样的人同存共处,就会困难重重,因为他们总在相互对立。这种事并不罕见,也许他们不相互对立才是怪事呢。他们都对自己的对手一无所知,而都坚信自己是正确的,并且都急于证明自己才是捍卫和平与和睦的战士。然而,事实总是证明他们并非如他们所说的那样。

实际上,他每说一句话都不可能不是对其同伴腹背的一种进攻,尽管这种进攻从正面丝毫都看不出来。通过仔细观察我们发现,这些人一生中都任凭自己被一种敌对的、好战的态度支配和摆布。

在人类自身中有某种虽然自己丝毫意识不到、但却时刻都在发挥作用的力量。这些能力隐藏在无意识中，在不知不觉中影响着人们的生活，甚至造成痛苦的后果。陀思妥耶夫斯基在其小说《白痴》中对这种病例进行了精彩的描述，这使后来的心理学家都惊叹不已。在一次社交聚会上，一位贵妇人用嘲弄的口吻告诉小说的主人公——一位公爵，他身旁的那个瓷花瓶价值连城，要他小心别碰翻了。公爵向她保证，自己一定会小心，但几分钟以后，花瓶倒在了地上，摔了个粉碎。在场的人都不认为这是一件纯粹的意外事故，大家都认为这是个必然的行动，很符合公爵的性格，因为他认为那贵妇人的话侮辱了他。

在判断一个人的时候，我们不能仅仅视其意识行为和表现，通常他所未曾意识到的思想和行为中的一些微小而不起眼的细节，会为我们提供一条更好的线索，从而更好地了解他真实的本性。

比如，喜欢咬指甲、掏鼻孔的人根本就不会知道，这些令人不悦的动作表明他们是些非常顽固的人，因为他们不了解将自己导向这些癖好的关系。但是，我们都深知，有这类坏习惯的儿童一定曾再三地遭到批评责骂，而如果他虽然备受叱责仍不改正的话，那就证明他一定是个顽固不化的人！通过观察这类似乎不值一提的细节、这些反映出人的整体存在的小事，我们就能得出关于任何人的意味深长的结论。

下面的两个病例将向我们表明属于无意识的事件将留驻于无意识之中。人的灵魂能够统管意识，就是说，从某些精神活动的观点出发将必要的东西保持在意识层面；反之亦然，它也能使

必要的东西留驻在无意识中,或使它变成无意识,只要这么做有助于维护个体的行为模式。

第一个病例是一个年轻人。他是家中长子,和一个妹妹一起长大。10岁时,他母亲去世了。他父亲是个非常聪明的人,心肠好,品德优。母亲去世后,父亲只好负责他们的教育。他煞费苦心,使儿子成为一个胸怀大志的人,并且快马加鞭,催促他不断奔向更大的目标。儿子成了班上的尖子生,发展迅猛优异,在道德情操和自然科学方面总是独占鳌头,这使父亲满心愉悦。他从一开始就希望儿子能在生活中扮演一个重要角色。

渐渐地,这个年轻人形成了一些使他父亲非常担忧并竭力想从儿子身上去掉的性格特征。与此同时,男孩的妹妹也一天天长大,并坚韧不拔地开始了和哥哥的竞争。妹妹也发展得很好,只是喜欢利用自己的柔弱作为获得成功的武器,所以常以牺牲哥哥为代价来提高自己在家庭中的地位。妹妹在家务方面十分能干,因而使哥哥与她的竞争变得十分困难。哥哥作为一个男孩,对家务事十分生疏,虽然在其他领域里他能轻而易举地获得承认、证明自己的价值。他父亲很快发现儿子过着一种奇异的社会生活,这随着他发育期的到来变得更明显。实际上,他没有社交活动,对于所有的新相识都怀有敌意;如果这些新相识是姑娘,他就干脆逃之夭夭。起初他父亲并未觉得有什么大不了的,但渐渐地儿子的社会活动缩小到了相当惊人的程度,他连家门都懒得出了;甚至随便散个步都会使他感觉不愉快,除非是在苍茫的暮色之中。他深居简出,最后甚至拒绝和他的老朋友们打照面,虽然他在学校的表现以及待父亲的态度仍是无懈可击。

当他发展到完全居家不出的地步时,父亲开始带着他去找医生。就诊了几次，医生就找出了他所处困境的原因。他认为自己的耳朵太小，因此大家会认为他长得丑。事实上，情况并非如此。他的说法被驳回，医生告诉他，他的耳朵与其他男孩的耳朵并无两样，同时还告诉他，他是想利用这个借口避免和其他人接触。这时，他又说他的牙齿和头发也长得很丑，而这也不是事实。

另一方面，我们很容易地发现，他极富雄心壮志。他对自己的雄心非常清楚，并认为是父亲培养出了他的这一性格特征。他知道，父亲不断地鞭策鼓励他一步步朝前迈进，以使他功成名就，在生活中立身成业。他的未来计划，他的最高目标，就是要在科学领域里扮演英雄角色。倘使不是这一愿望中夹带着逃避对社会、对他人承担义务的趋向，这一愿望本身并没有什么可说的。为什么他会用如此幼稚的借口来做理由呢？这些借口如果属实，那他以谨慎焦虑的态度对待生活倒也情有可原，因为形象丑陋的人在我们的文明中遭遇着数不清的困难，这无疑是事实。

进一步的观察表明，这个年轻人的远大抱负是以一特别的目标为依据的。以往，他总是班上的第一，他也希望保持这种优越地位。为达到这样一种目标，一个人必须具有专心致志、刻苦用功等特质。对他来说，这还不够。他想将一切多余的东西都排除在生活之外。他很可能会这样说："既然我将名扬四海，既然我将献身于科学事业，就必须杜绝一切多余的社会关系。"

但他既没这样说，也没这样想。相反，他拿自己长得丑说事，并利用这个无关紧要的借口来达到他的目标。这一无关紧要的事实之所以变得重要，就在于它在他实施行动方案的过程中为他提供了理由，让他可以去做实际上想要做的事。现在他

所需要的,就是自欺欺人的勇气,夸大他的丑陋,以便秘密地追求他的目标。倘若他说希望像一个离群索居、潜心修炼的隐士那样生活,以实现他鹤立鸡群的目标。那便向大家暴露了自己的心思。虽然在无意识里他已下定决心,要扮演英雄角色,但在意识的层面上他并没有觉察到自己的这个目的。

孤注一掷,牺牲生活中所有的一切来实现这一目标的想法从没在他脑海出现过。如果他有意识地想到了这一点,公然无讳地决意要将生活中的一切都作为赌注押出去,以使自己成为科学界的一个英雄,他也不一定有全然的把握一定能稳操胜券,而借口说自己长得丑,不敢与人交往则似乎要好得多。此外,任何公然无讳地说自己想永远鹤立鸡群、出类拔萃,并乐于为此牺牲一切社交关系以达目的的人,都会使自己在同伴们的眼中显得滑稽可笑。这将是一个十分可怕的想法,一个普通人想都不敢想的想法。世间有一些想法是不能公之于众的。正因为如此,这个年轻人生活中的指导思想不得不留守在他的无意识中。

如果我们现在对这样一个人讲明他生活的主要动机是什么,并为他指明,他之所以不敢正视自己内心中的某些倾向,是因为他害怕会失去自己的行为模式,那么,就一定会搅乱他整个的精神机制。这个个体曾投入一切力量、不惜一切代价想要阻止的事现在终于发生了!他无意识中的思想过程一下子变得清晰透明,一览无余了!那些他想都不敢想的思想、有都不敢有的观念,那些一旦意识到就会搅乱其整个行为模式的倾向,现在赤裸裸地展现在面前。**人类有一个普遍性的现象:每个人都将紧紧地抓住为他的态度提供合理理据的那些念头,将那些可能妨碍自己按既有方式继续下去的念头统统拒之门外。人只敢接纳**

对自己有益或有价值的东西,凡对我们有益有用的,我们就存入意识,凡会搅乱我们平衡的,就打入无意识的冷宫。

第二个病例是一个很能干的男孩。他父亲是位教师,经常驱策儿子要在班上做个出色的学生。在此病例中,病人的早年生活也是一个胜利接着一个胜利。他在自己的生活圈子中是最有魅力的一个成员,并且有几个亲密朋友。

在他18岁那年,情况发生了巨大的变化。他失去了所有的生活乐趣,心情压抑沮丧,神情恍惚,不遗余力地想避开社会。他每交上一个朋友,要不了多久就会闹翻;人人都发现他的行为受着某种障碍物的羁绊。然而,他父亲却希望这种远离人群闭门不出的生活能够使他更专注地投身于学习之中。

在治疗期间,这男孩不断抱怨他父亲,说他抢走了自己所有的生活乐趣,说他没有了继续生活的自信和勇气,说他别无所有,只能终其一生独自苦守着自己的悲哀。他学习进度的确慢了下来,大学成绩也开始出现不及格。他解释说,生活中的这一变化发生在一次社交聚会上,由于对现代文学孤陋寡闻,他成了朋友们取笑的对象。类似经历的重复出现使他开始与外界隔离,并成了他远离社会的原因。他一口咬定,父亲应为他的不幸受到责难,他们的关系变得日益僵化。

这两个病例在许多方面都很类似。在第一个病例中,我们的病人因与妹妹的竞争而在生活潮流中搁浅;而在第二个病例中,问题则出在他觉得爸爸有错,因而始终抱着一种好战的态度。这两个病人心中的想法都是我们所熟知的所谓"英雄理想",两个病人都如此醉心于他们的"英雄理想",以致失去了和生活的一切联系;他们变得心灰意冷,最后干脆彻底地撤出人生

的斗争。但是,我们坚信,第二个病人绝不会对自己说:"既然无法继续这种英雄般的生活,我就退出生活,在痛苦中消磨余生!"

诚然,他父亲有问题,所受的教育程度也不高。但十分明显的是,男孩只盯着教育程度不高这一件事,只在不断地抱怨这种教育,这是因为他想为自己离群索居的生活找借口,好像由于教育不好,他除了与社会隔离以外便没有别的方法来解决自己的问题了。这样一来,他使自己进入这样一种状态,即:并不是自己在生活中吃了败仗。一切都是因为父亲,父亲应为他的不幸而接受一切责难。显然,只有这样,他才能为自己保住一点自尊,使自己聊以自慰地想:他有一个辉煌光荣的过去,本可以在将来大展宏图,只是由于父亲糟糕的教育才阻止了他继续挺进,一展雄风,获得更大的成就。

从某种意义上讲,我们可以说,保留在他无意识中的是这样一种思想线索:"既然我现在正站在人生战场的前沿,既然名列前茅已不再像从前那么轻而易举了,我就应该从此战场上完全撤下来"。但这种想法显然是不可思议的。谁也不会说这样的话,但一个人的行动却可以表明他的确是这样想的。这一过程的完成是通过进一步的"内心辩论"实现的。通过成天没完没了地责备父亲教育的错误,他终于成功地避开了社会,避开了做生活中一切必要的决策。如果这类想法浮到了意识层面上来,他隐秘的行为模式就必然会被搅乱,因此,它一直存留在无意识之中。他有着如此光彩夺目的过去,又有谁能说他是一个毫无才气的人呢?如果没能再取得辉煌的胜利,当然不会有人来责怪他了!他父亲这种危害无穷的教育影响是绝不能被放过的。他这个做儿子的既是被告,又是索赔人,同时还是法官。现在难道要他放弃如此有利的位置吗?他知道得非常清楚,只要他这个儿子愿意,只要他挥舞自己手中的这把撒手锏,应受责怪的就只能是他的父亲。

5. 梦

人们一直都认为,可以从一个人的梦中得出关于他整个人格的结论。与歌德同时代的利希滕贝格(Lichtenberg)曾经说过,从一个人的梦中比从他的言谈举止中更能猜出一个人的性格和本质。这有点言过其实。我们的观点是,对于精神生活的单个现象,必须以最大限度的谨慎和小心对待之,而且要和其他现象联系起来看。因此,在根据梦对一个人的性格下结论时,我们还必须找到其他方面的补充性、辅助性证据,来证明我们对这个梦所做的解释。

对梦的解释可以追溯到史前。通过对文化发展史中各个时代的研究,特别是通过对神话和英雄传奇中所呈现出来的证据展开研究,我们得出结论,在过去的岁月里,人们对于释梦的关心要比我们今天多得多。我们还发现,那时的寻常百姓比我们现在的普通民众更了解梦。为了证明这一点,我们只需回忆一下在古希腊人的生活中,梦扮演了一个多么重要的角色,回忆一下西塞罗①所写的那本关于梦的书并想想《圣经》中所讲述的多如牛毛的梦就行了。《圣经》中的梦,要么被予以了巧妙的解释,

---

① 西塞罗(Marcus Tullius Cicero):古罗马政治家、律师、古典学者和作家,同时也是罗马最伟大的演说家。——译者注

要么就是平铺直叙地缓缓道来,似乎不解自明,让人们自己去正确解释并理解它们。约瑟梦见麦捆,并将这个梦告诉他的哥哥们,就属于这种情况。① 此外,在起源于完全不同的另一种文化中的尼伯龙根英雄传奇中,梦被用作为一种证据。

如果我们将梦当作探寻、了解人的心理的一种手段,那么,和那些在梦与梦的解释中寻求光怪陆离的背景以及超自然影响的人一样,我们将看不到问题的真正所在。除非另有其他深刻的观察提供充足的理论,强化我们的见解,否则,我们绝不可仅仅依靠梦中所获证据妄加论断。

甚至在今天,仍有人坚信梦对未来有着特别意义的倾向。有些唯心论者竟然发展到了让梦影响自己行为的地步。我们的一个病人就是这样,他自欺欺人地放弃所有体面的职业,到股票交易所去投机赌博。他每次都根据自己所做的梦去赌,并总是有根有据地说,只要他不按梦的指示去办就会倒霉。不错,他夜里梦见的永远是他白天为之殚精竭虑的事情。这样,梦成了他的良师益友、狗头军师,有一段时间里他甚至宣称,他之所以能够财运亨通都是由于受了梦的影响。又过了一段时间,他告诉我们说再也不看重他的那些梦了。这一次,他似乎把钱全赔了进去。既然输赢对于股票市场的投机商人来说是家常便饭,即使不用梦的指点,也会时输时赢,我们实在看不出有什么奇迹在起作用。对某一工作怀有浓厚兴趣的人,在睡梦中必然无疑也在思忖如何解决所面临的问题。有的人心事繁多,不能成寐,翻

---

① 此梦见于《圣经·旧约》"创世记",第37章。约瑟梦见自己与兄长们一道捆麦子,他捆的麦秆立着,兄长们捆的围着他所捆的下跪。后来约瑟果然出人头地,成了埃及宰相。——译者注

来覆去地考虑他们的问题；另一些人则在睡梦中牵肠挂肚，绞尽脑汁，考虑着自己的计划。

其实，这种在睡眠中占据我们头脑的特殊现象，只不过是架设在昨天和明天之间的一座桥梁。如果我们了解了某一个体对待生活的总体态度，了解了他架设"现在"和"未来"之桥梁的方式，一般说来，也便能理解他梦中的这座桥梁结构的特质，并据此得出正确的结论。换言之，所有的梦都以对待生活的总体态度为基础。

一个年轻女士做了如下一个梦：她梦见丈夫忘了他们的结婚纪念日，她为此责备了他。这个梦可能有几种含义。如果这个问题果真出现了，我们马上便可作出判断，他们的婚姻面临着一定的困境，妻子认为丈夫对自己不够重视。然而她解释说，她也忘了这个结婚纪念日，但最后是她先想了起来；而丈夫则是在她提醒之下才想起来的。她是"那更好的一半"。① 在我们更进一步地质询下，她回答说，这样的事以前从未发生过，她丈夫从来都记得他们的结婚纪念日。因此，我们从此梦中看到了她对于未来的焦虑：这类事可能会发生。我们还可进一步得出结论，她总喜欢责怪他人，喜欢无事生非，捕风捉影，就可能发生的事对丈夫吹毛求疵。

尽管如此，如果没掌握别的证据来加强我们的结论，我们对这个梦的解释仍不敢太过肯定。当我们问到她最早的孩提时代的记忆时，她讲述了一个长期存留于记忆之中的事件。她3岁时，她婶婶送了她一把经过精雕细刻的木制调羹，这使她很骄

---

① "那更好的一半"（the better half）：西方文化中常称某人之妻或某人之夫为"另一半"，因此此处所谓"更好的一半"乃指夫妻之中更好、更无可指责的那一个。——译者注

傲；但有一次当她正摆弄这只调羹时，调羹掉进小溪里漂走了。为此她伤心难过了好几天。她伤心得那么厉害，以至于身边每一个人也都感受到了那份悲伤。

她的梦不免让我们猜测，她现在是害怕婚姻也可能从她那儿漂走。如果她丈夫当真忘了他们的结婚纪念日，又将怎么办呢？

还有一次，她梦见丈夫把她带到了一座高楼上，楼梯越来越陡。想到她可能爬得太高，她突然感觉头晕目眩，一阵焦虑恐惧袭来，她晕了过去。人在醒着的时候也会有类似体验，特别是在害怕自己爬得太高时会有这种头晕目眩感。通过将第一个梦和第二个梦联系起来，并使之融为一体，这两个梦的想法、感觉和内容为我们提供了一个清晰的印象，这位女士担心自己会摔下去，她害怕受到伤害，害怕遭遇不幸。可以想象，丈夫对她的情愫日减或类似的事情就可能构成这种不幸。如果她丈夫出于某种原因变得跟自己不再合得来，又怎么办呢？如果他们平静的婚姻生活被搅乱了，又将怎么样呢？他们可能吵架，可能斗嘴，并以妻子晕倒在地、不省人事而告终。实际上，在他们曾经的一次争吵中，这样的事情的确发生过！

现在我们更靠近了这个梦的真实含义。这件事跟情感冷淡有关。在这里，内心里的想法和情感是素材，梦则是这些素材的表现形式，或者说是其表现媒介。只要素材存在，就一定会找到某种表达形式。在梦里，一个人生活中所面临的问题以比喻的方式表现了出来。就仿佛她在说："别爬得太高，以免摔得太重！"不妨回想一下歌德在其《婚姻之歌》(*Marriage Song*)中的描述。一个骑士从乡村回到家里，发现他的城堡里空无一人。

他精疲力竭地倒在床上便睡了。他梦见一些小矮人从床下钻出来,还梦见自己参加了这些小矮人的婚礼。这个梦使他感觉心情很舒畅,仿佛他想证明自己需要找一个女人了。梦中的情形后来在现实中得到了应验,他婚礼庆典上的情形与此几乎一模一样。

这个梦中,我们发现了许多尽人皆知的成分。首先,诗人自己对婚姻的向往隐藏在了字里行间;然后我们还可以进一步看到这个做梦的骑士内心深处所切盼、所急需的东西和他对现时生活处境的一种态度。现实处境要求他结婚。他在梦中细细思量着婚姻问题,第二天,他做出了决定,结婚才是明智的选择。

现在让我们来看看一个 28 岁的男人做的梦。梦境中的运动轨迹仿佛如同人发烧时体温变化的曲线,先是快速上升,随后缓缓回落,清晰地表明了他生活中心理变化的轨迹。从中我们可以清楚地看出他内心的自卑,以及由此衍生出来的对权力的渴望和控制欲。他说:"我和一大群人出去郊游,我们必须去一个铁路小站,因为我们郊游所要乘坐的那条船太小了。我们还必须在那个小镇过夜。夜里,有消息传来,说我们的船在下沉。参加郊游的人全被叫去压水泵,把水抽出去,好阻止船的下沉。我想起我的行李中带有一些值钱的东西,就冲上了船。所有人都已干开了。我成功地从窗口捞出了我的背包,这时我发现背包边上有一把我非常喜欢的铅笔刀,我将刀放进背包。船沉得越来越快,这时,我和一个熟人一起跳下了船。我们跳入海中,后来又游到了岸上。由于码头太高,我只好继续往前走,走到一个险峻的悬崖上。前面没有路了,我只好顺着悬崖滚下去。自从离开船以后,我就一直没见到过我的同伴。我越滚越快,心里

害怕自己会摔死。最后,我终于到了山脚,正好落在一个熟人面前,但也许实际上我并不认识这个人。他正在罢工,和罢工者们一道默默地站着。他待人很和气。他用带着几丝责备意味的话向我打招呼,仿佛知道我在船行将沉没的时候抛开了自己的伙伴。'你在这儿干吗?'他问。我想逃离这个深谷,但四面都是陡峭的绝壁,壁顶往下挂着一些绳子。我不敢靠这些绳子攀缘上去,因为绳子太细。最后,我到了顶上,可我不知道是怎样上去的,就好像我故意略去了这一段梦,迫不及待地把它跳了过去一般。在深谷的边缘,也就是顶上,有一条路,靠深渊那侧围有护栏,路上有人来往,并友好地和我打招呼。"

如果我们追溯一下这个男人的早年生活,首先听到的事情是,他在 5 岁前经常身患重病。由于他体弱多病,受到父母小心翼翼的呵护。他很少和其他孩子来往。当他想和成人交朋友时,父母总告诉他,小孩子只能在大人身边乖乖地玩,而不应该多嘴多舌、碍手碍脚,大人有大人的事。因此,他很小就失去了社交生活中至关重要的一点,即与人的接触往来,而只与父母保持着联系。结果是他与同龄儿童相比,落后了一大截,而且怎么也赶不上。我们毫不惊奇地发现,他还被伙伴们看作是个愚不可及的人,并很快成了他们的笑柄。这件事使他更难找到朋友。

由于这些事情,他原本就已非常自卑的感觉更进一步加剧,达到了顶峰。他的教育完全由父亲负责,父亲虽然用心良苦,但暴躁易怒,专制蛮横;母亲弱不禁风,但并不善解人意。虽然父母反复重申他们的良苦用心,但他一定受着非常严厉的教育。他万念俱灰的心情在此过程中起了相当的作用。在他孩提时代最早的记忆中,有一件异乎寻常的事给他留下了深刻印象。那是在他 3 岁时，母亲让他在一堆豌豆上跪了半小时，说是他不听话，而原因他母亲知道得很清楚，因为他已告诉了母亲。他一直怕一个骑师，所以拒绝替妈妈去给那骑师送信。实际上，他很少挨父母打屁股；但一旦真要挨打时，用的就是一条编得很密的打狗鞭。每次挨打完了以后，还必须请求宽恕，讲出之所以挨打的原因。"孩子应该知道，"他父亲说，"他做错了些什么事"。有一次，他无缘无故地挨了揍，打完以后他说不出为什么挨打，又被打了一顿，直打到他招出别的一些不端行为才结束。

从很小时起，他对父母就怀有一种好战的敌意。他的自卑感是那么强烈，以至于他从来不敢想象自己会有出人头地的一天。他的学校生活与家庭生活几乎都是由大大小小的失败经历构成的。在学校，18 岁之前他都是个供人取笑的角色。有一次甚至老师也取笑了他，老师向全班朗读了他的一篇写得很差的作文，边朗读还边奚落他。

这些事件中的每个人都迫使他越来越深地陷入隔离状态，最后，他干脆自暴自弃脱离了社会。在他与父母的战斗中，他碰巧发现了一种行之有效但却代价高昂的进攻方法，那就是拒绝开口。这样一来，他放弃了与外部世界保持密切联系的一个最为重要的手段。既然他不能和任何人讲话，于是便变成了一个货真价实的孤家寡人。他被所有人误解，也不同任何人讲话，特别是不搭理父母，最后也就没有人愿意同他说话了。所有想使他进入社会的努力都落了空，就像后来所有想建立爱的关系的努力都付诸东流一样。他为此感到很伤心。这就是他 28 岁以前的生活历程。由于深刻的自卑情结弥漫于他整个的精神之中，结果竟导致一种毫无理性的野心和对显赫与优越地位的无可遏止的

渴望,这一切不断地扭曲着他的社会感。他说得越少,精神生活中所充斥的东西就越多,不管是白天黑夜,他所梦想的一切,内容全是自己如何春风得意,在各方面都成绩斐然的情形。

就这样,一天晚上他做了我们刚才讲的那个梦。在这个梦里,我们清楚地看到了使他的精神生活得以发展的运动和模式。在做结论前,先回忆一下西塞罗曾讲过的一个梦。这是文学史上一则最著名的预言性梦。

诗人西摩尼得斯①有一次在街上发现了一具无名尸体,他将尸体带回去,体面地埋葬了。后来,在他准备出海旅行之前,得到了这位亡者灵魂的警告,说他如果跟船出海,船就会沉没。于是西摩尼得斯就没有出海,而去了的其他所有人都葬身海底。

据传,这个梦及与这个梦有关的沉船事件,给后来几百年间的所有人都留下了异常深刻的印象。

要解释这一事件,就必须首先记住,在那时沉船是经常发生的事;而且由于这个原因,许多人在出海前夕都可能梦见船只失事。而在这许多的梦中,这个特定的梦刚好与现实出现了特殊形成的巧合。由于这巧合如此不同寻常,遂使这个梦得以流传后世。完全可以想象,那些倾向于在梦中找出各种神秘关系的人对这类故事有着特别的偏爱,而我们则非常平静、清醒地将此梦解释如下:我们的诗人很可能从来就没对那次旅行表现出太大的热情,因为他极在意自己的生命安全和身体完好无恙。而当决策的一刻临近时,他仍犹疑不定,需要为自己的犹豫不决寻找一个借口。于是他搬出了那具死尸作幌子,让他假托表示感

---

① 西摩尼得斯(Simonides,约前556—约前468):生于爱琴海凯奥斯岛的抒情诗人、警句作者。——译者注

谢的名义来给自己托梦预警。那么，他不随船出海就是不言自明的了。如果船没沉入海中，世人也便绝不会知道这个梦，也不会知道这个故事。我们都知道，当某种经验使我们的大脑感到无法安宁时，它同时也向我们表明，天地之间隐藏着大量的智慧，远远超出了我们能想象到的程度。懂得了梦境和现实包含着某一个体对生活所持的相同的态度，我们也就对梦境的预言性有了更进一步的了解。

我们必须考虑的另一件事就是，所有的梦都不是那么轻而易举就能释解出来的；实际上，能得到解释的梦实属凤毛麟角。梦带给我们的特殊印象转瞬即逝，而且我们也不知道梦后面所隐藏的意义，除非我们是释梦方面的行家里手。但是，这些梦也是某一个体行动和行为模式的象征性反映。比喻的主要意义在于它为我们提供了一个通道，让我们有机会看懂自己迫切想要看懂的处境。如果我们痴迷于一个问题的解决办法，如果我们的人格将我们朝某一个特定的方向引领，那么，只需要一点点合适的契机推动，就立刻能促使自己进入相应的状态。梦极适宜于强化某一感情，或创造出解决某一特定困难所必需的活力。做梦者对此联系一无所知这个事实并不会使情况有任何改变。他能找到资料并设法帮助自己这就已足够；梦本身会为做梦者思想过程自我表达方式提供证据，一如它可以向我们揭示做梦者的行为模式。梦就像一缕烟，能表明某处在燃火。经验丰富的樵夫在对烟略作观察，便能说出是什么树木在燃烧，就像精神病医生能够通过释梦而对某一个体的天性做出结论一样。

概括起来，我们可以说，梦不但表明做梦者耽虑于找到一种能够解决其生活中所面临的某一问题的方法，而且也表明他对

待这些问题的态度和思路。特别要讲的是,社会感和对权力的追求这两个影响做梦者与世界及现实关系的因素,都将在他的梦中清楚地表现出来。

6. 才　能

使我们得以对某一个体做出判断的精神现象中,还有一点没有提及,那就是人的智力因素。我们并不怎么重视一个人如何评价他自己,因为我们确信,我们每个人都可能莫名其妙地走入迷途,每个人也都会玩弄各种复杂的小把戏,通过自我粉饰、伦理道德及其他各种手段,好让自己在别人心目中保持一种美好的印象。然而我们却能够做一件事,那就是从特定的思想过程及其语言表达中得出某些结论,尽管这一能力有一定的局限范围。如果我们想正确地判断某一个体,就不能将他的思想和语言排除在我们的考察之外。

我们所谓的才能指的是一个人处事判断的特殊能力。才能向来都是各类考察、分析和测验关注的对象,其中关于儿童和成人的智力测验更是久负盛名。这些也就是所谓的智能测验。迄今为止,这些测验都并不成功。每当一群学生接受测验时,测验结果通常都显示出这样一个事实,即使不用测验,老师也能轻易地得出同样的结论。在开初时,实验心理学家们对此深感骄傲,虽然他们一定认识到了这些测验在某种程度上完全多余。对智力测验的另一异议是这样一个事实:儿童的思维和判断过程与能力发展并不完全有固定规律,因此,许多测验成绩不好的儿童在几年以后会突然表现出超常的发展和才能。还有另一个必须考虑的因素：来自大城市或某些社会圈子的儿童，由于生活阅历相对较广，因此对这类测试准备得也相对更充分。他们所表现出来的高智力带有欺骗性，而另一些准备不足的儿童则被摆到了相对默默无闻的位置上。众所周知，来自富足家庭的八岁至十岁的儿童，比起同龄的贫困家庭孩子，才思要敏捷得多。这并不意味着富家的孩子有着更好的天资，只能说明这种差别完全是因为他们从小享有相对优越的生活环境。

截至目前，我们在智力测试方面仍没取得多大进展。事情很明显，在柏林和汉堡的测验中，测试结果极为优秀的儿童在以后的学习中有很大比例都表现不佳。这一现象似乎证明，儿童智力测验的结果并不能确保他未来的健康发展。相反，个体心理学的实验能更好地经受住时间的考验；因为这些实验的目标不是要去确定一个人在某一方面的发展程度有多高，而是要更好地理解能够促进他长久发展的有利因素都有哪些。必要时，这些研究还能将适当的矫正方法教给儿童。个体心理学的原则一向都是绝不将儿童精神生活结构中的思维和判断能力分离出来孤立对待，而是将之作为与其精神生活中其他方面密不可分的一个因素来考量。

第7章

两性角色

　　女人低人一等、男人高高在上这一谬见及其必然的结果，不断地搅乱着两性间的和谐。结果，导致所有涉及性爱的关系都变得非同寻常的紧张，威胁乃至完全破坏两性间每一次幸福的机会。我们整个的爱情生活都被这种紧张状态毒化、歪曲、腐蚀。这就是极少能见到美满和谐的婚姻的原因，就是有那么多的儿童感到婚姻是件极端困难、极端危险的事的原因。

1. 两性差异与劳动分工

从前面的考察中我们知道,有两种大的倾向支配着所有的精神现象。这两种倾向——社会感和个人对权力的追求——影响着每一个人的活动,支配着每一个人的态度,使他以不同的方式去获得安全感并迎接人生的三大挑战——爱情、工作和社会。如果我们想对人的内心有所了解的话,那么,在对精神现象做出判断时就必须使自己习惯于从量和质两个维度对这两个因素进行研究。这两个因素的相互关系决定人们能够在多大程度上理解社会生活的逻辑,进而决定人们能够在多大程度上服从由社会生活的需要产生的劳动分工。

劳动分工是维持人类社会所不可忽视的一个因素。每一个人在某一时、某一地都必须尽他那一份职责。不尽其职或否认社会生活价值的人,将成为一个反社会的人,进而放弃与他人的

同伴关系。从简单的情况来看,这类例子包括利己主义者、恶作剧者、自我中心者和害群之马;情况复杂些,则包括性情怪僻者、流浪汉和罪犯。公众对这类性格特征的谴责来自对其本源的理解,即本能地意识到它们与社会生活彼此不相容。因此,一个人的价值取决于他对同伴的态度,也取决于他参与社会生活所必需的劳动分工的程度。他对于社会生活的认同使他对于其他人而言也变得重要,使他成了维系社会巨大链条中的一环;这一链条一旦被搅乱,人类社会便不可能不被搅乱。一个人的能力决定着他在整个人类社会生产活动中的位置。对权力的渴求,主宰他人的欲望,让正常的劳动分工沾染了错误的价值观,因而也让如此简单的一条真理罩上了困惑的阴云。主宰他人的欲望搅乱并妨碍了整个社会生产过程,并给了我们一个错误的价值判断基础。

由于人们拒绝适应本该属于自己的位置,因而搅乱了劳动分工。此外,由于一些人的野心和权力欲望妨碍了社会生活和社会工作,也更增加了劳动分工的难度。同样地,社会中的阶级差别还引起了无尽的纠纷。个人权力和经济利益也影响着劳动分工,好位置留给了某些阶级的某些个体,也就是那些有权有势者;而其他阶级的其他个体则被排斥在外。了解了社会结构中这诸多因素,我们也便了解了劳动分工之所以不能顺利进行的原因。不断搅乱这种劳动分工的力量,导致一些人拥有特权,另一些人则被奴役。

人类的两性差异决定了另一种劳动分工。由于体格上的差异,女人被排斥在某些活动之外;而与此同时,某些劳动又没分配给男人,因为他们更适合于做其他工作。这种劳动分工理当根据一个完全不带偏见的标准来制定,而迄今为止所有的妇女解放运动都未能超越这一逻辑,也都延续了这一观点背后的逻辑。劳动分工的本质绝非要剥夺女人的女性特征,也并非要搅乱男女间的自然关系,男女双方都需要最适合自己的劳动机会。在人类的发展过程中,这种劳动分工逐渐稳定成形,女人接管了世界上的一部分工作(否则的话男人也难逃脱这些工作),作为交换,男人则担起了能更好发挥自己能力的职责。只要工作能力上做到了人尽其才,只要体力和脑力没用到坏事上,就不能说这种劳动分工不合理。

2. 男性在当今文化中的支配地位

由于文化总是依据权势的意愿而确定其发展方向,尤其是某些个人或社会阶层为了巩固其既得利益推波助澜,致使我们当今整个文明体系下的劳动分工出现了某些不尽如人意的特征。其结果是男人在当今文化中的重要性被过分强调。劳动分工使男人这个特权群体所拥有的某些优势进一步得到巩固,而这一些优势又得益于他们在劳动分工过程中相对于女人而言的主导地位。就这样,趾高气扬的男人占尽了好处,安排着女人的活动,目的是要使令人愉悦的生活方式永远合乎他们的口味;而那些分配给女人的活动,男人们又可以随意躲过。

照目前的状况看,男人方面始终在竭力维护其对女人的支配地位;而在女人方面,自然存在一种对男人支配权愤愤不平的感觉。因为男女两性间如此脆弱的关系,很容易想象,这种持续

的紧张终将导致精神上的不协调和身体上的严重障碍，使双方都处于极度痛苦之中。

我们所有的制度、传统观点、法律、道德、习俗都表明，所有这一切，都是由享有特权的男人决定并竭力维护的，目的是为了保护其主导地位。这些风俗惯例将其触角伸进了幼儿园，对儿童心灵产生了极大影响。儿童对这些关系无须有太多的了解，但我们必须承认，他的感情生活在很大程度上受这些关系影响。只需略作调查，便不难发现这种态度，比如，当一个小男孩被要求穿上女孩的衣服时，他的反应肯定是直眉瞪眼，愤然作色。一旦让儿童对权力的渴求达到一定程度，我们就会发现，他会对身为男人的特权情有独钟，因为他意识到了这点随时随地都能给自己带来的好处。如前所述，当今家庭教育对追求权力估价过高。自然，接踵而来的就是维持和夸大男人特权的倾向，因为作为家庭权力象征的通常是父亲。比起母亲无时不在的照料，父亲神秘的来来去去更能激起儿童的兴趣。儿童很快就看出了父亲所扮演的突出角色，并注意到他怎样在调整着全家的步调，怎样在安排着家中的一切，怎样随时随地以一家之长的姿态出现在面前。无论从何种角度来看，父亲似乎都是强大有力的角色。有的孩子将父亲看作是绝对的标准，他们相信，他口中说出的一切都是金玉良言，神圣不可侵犯；在论证自己的观点如何正确时，他们总会说，爸爸曾经这样讲过。即使在父亲的影响并不那么显著的情况下，儿童也会意识到父亲的主宰作用，因为他肩负着全家的重担；而事实上，父亲之所以能占据如此有利的地位，依靠的恰恰就是劳动分工。

就男人支配权的历史渊源而言，我们必须使大家注意这样一个事实,那就是,这一现象并非自然产生的。无数的法律保证着男人支配权这一事实就是例证。这同时也表明,在男人的支配权受到法律强制性保护之前,一定也有过男人的特权不那么理所当然的时代。历史证明,母系氏族中的情况事实上就是如此。这里,在生活中扮演重要角色的是女人,是母亲,特别是就儿童而言。那时,氏族里每个男人的职责和义务就是尊重母亲高尚荣耀的地位。某些习俗和语言用法仍带有这古老制度的色彩,比如在将陌生男人介绍给儿童时无一例外地都将他们称为"舅舅"或"表兄"。从母系氏族向男性主宰时代过渡之前一定经历过一场恶战。相信自己的特权和先决权是由自然决定的男人一定会无比惊讶地发现,男人并非从一开始就享有这些先决权,而是靠斗争获取的。在男人大获全胜的同时,便是女人的被征服。这一方面法律的发展史便是尤其有力的证据,见证了这一漫长的征服过程。

男性主宰并非天然而成。无数事实证明,这种主宰的出现主要是原始部落间不断征战的结果。在这持续不断的厮杀过程中,作为武士的男人扮演着突出的角色,最后,他又用这新获取的优势来维持他的领导地位,达到其目的。与此现象同时出现的还有财产权和继承权的确立,这些构成了男性主宰的基础,因为男人既是财产的聚敛者,又是财产的所有者。

然而,成长中的儿童无须博览群书也能发现这一切。即使他对于这些考古资料一概不知,也能感觉到男人是一个家庭中的特权成员。即使父亲和母亲有相当的洞察力,有意要忽视这些我们从古远年代里继承下来的特权,更乐意以礼相待,注重平等;在这种情况下,儿童也仍会有上述感觉。

儿童从人生之初开始，耳濡目染，就早已看惯了占压倒优势的男人的特权。在他出生那一刻起，便因自己的男孩身份受到了比女孩更多的关注。父母更喜欢生男孩子是人所尽知、经常出现的事。男孩无时无刻不在感到，由于与父亲一样是个男人，自己将享有更多的特权和更大的社会价值。旁人心不在焉的话语偶尔飘入他耳中，不断地促使他注意这样一个事实，男性角色重要性更大。

家里雇用女佣做琐屑家务这一习俗也强化了他认定男人占据支配地位的看法，最后他的观点得到强化并得出结论，周围环境中的女人丝毫不认为她们与男人享有平等的权利。所有女人在结婚前都应向她们的未婚夫提出这样一个问题："你对待男性支配权，特别是在家庭生活中的支配权持什么态度？"但这一最重要的问题从来都没得到过回答。有的女人表现出了追求平等的愿望，但另一些则在不同程度上断了这一念头。相反，我们看到，父亲从孩提时代起就坚信，男人将扮演一个更为重要的角色。他将自己的这一信仰解释为一个绝对的职责，因而只关心自己作为一个男人该如何去应对生活和社会的挑战。

由此关系中产生出的一切情形都被儿童体验到了。他从中得到的，是一组关于女人本性的图画，其中的大部分都是女人所扮演的悲哀角色。就这样，男孩子的发展带上了鲜明的男性色彩。在对权力的追求中，他认为值得为之一搏的目标毫无例外地都是男性特质的和符合男性态度的。从这些权力关系中产生出来的典型男性美德都有力地揭示其起源。一些性格特征被视为男性的性格特征，另一些则被视为女性的性格特征，但事实上却没有任何根据能证明这些划分是公正的。即使我们似乎可以通过比较男孩子和女孩子的心理状态找到支持这一划分的证据，所涉及的也并非自然现象，而只不过是在描述：某些个体由于被分派到了某一特定的渠道里，他们的行为模式由于特定的权力概念而被局限在了一定的范围内，因而表现出了不同的特征。这些权力概念向他们指出并迫使他们去寻找各自所属的位置。"男性的"和"女性的"这两种性格特征的区分毫无道理可言。我们将看到，这两种性格特征都能被用来完成对权力的追求。换言之，具有诸如驯良、百依百顺等所谓"女性"性格特征的人也能表现其权力。一个听话的儿童所享有的优势，有时能使他较之于不听话的儿童更引人瞩目，更出尽风头，虽然在这两者身上都有对权力的渴求。对权力的追求常以极其复杂的方式表现出来，这就使我们对精神生活的洞察变得更加困难。

随着男孩渐渐长大，他的男性身份成了一个重要的职责；他的雄心大志、他对权力和优越感的追求不容置疑地与他要做一个男子汉大丈夫的职责联系和等同起来。对许多渴求权力的孩子来说，仅仅知道自己具有男性身份还不够，他还必须显示出自己是男子汉的证据，因此他们必须有特权。为实现这一目标，他们一方面要竭尽全力出类拔萃，借此来测度自己的男子汉气质；另一方面，还必须尽一切可能在周围环境里的女人中间横行霸道。依据所遭遇的抵抗程度不同，男孩子们将以顽固不化、粗野无礼或诡计多端、灵巧机智为武器，来达到他们各自的目的。

既然每个人都只能按照享有特权的男人的标准来接受衡量，那么也就难怪人们总会将此标准摆在一个男孩面前。最后他便按照这个标准来衡量自己，观察自己，并自问自己的活动是

否足够"男子汉气概",或是否够得上是一个"伟丈夫"。今天,我们所谓的"男子汉气概"已成为一种共识,但究其实质却不过是一种纯粹自私的东西,一种满足其自恋倾向的东西:它凭借某些看似"积极的"性格特征,如勇气、力量、职责,和对无往而不胜(特别是对女人无往而不胜),对身居高位、赢得荣誉、获得头衔,对把自己变得冷酷刚强以对抗所谓的"女性"倾向的渴望,而给人以优越于他人或凌驾于他人之上的感觉。为了赢得个人的优势,人们总在进行着持续的斗争,因为获得支配权被看作是一种男性美德。

于是,每个男孩都根据自己从成年男人身上,特别是从父亲身上所见到的来塑造自己的性格特征。我们可以在社会中见到这种人为滋长起来的八面威风的幻想以各种各样的形式表现出来。男孩从很早开始就被敦促要为自己赢得权力和特权。这就是所谓的"大丈夫气概"。如果引导不当,这种气概则往往可能发展和堕落为粗鲁、野蛮、残忍。

在此情况下,作为男人所具有的种种好处非常有诱惑力。因此,当看到许多姑娘的理想就是做个男人时,我们不应有丝毫惊讶之感,尽管这种理想只是一种无法实现的愿望,或是判断自己行为的标准,或者表现为自己言行举止的一种模式。在我们的文化里,似乎每个女人都想成为男人!我们发现这类女孩子表现出一种特别按捺不住的愿望,要在更适合于男孩的游戏和活动中大显身手。她们爬树上墙,避开女孩子而和男孩子一道玩,将一切"女人兮兮"的活动视为可耻丢脸、避之犹恐不及的事。只有男子气十足的活动才能使她们感到满足。对大丈夫气概的偏好使所有这些现象都变得不难理解,只要我们懂得,对优越的追求,与其说体现在生活中的行动上,毋宁说体现在事物的象征意义上。

3. 女性所谓的劣势

男人习惯于在为自己的支配地位寻找理论根据时辩解说,他得到今天的位置是自然的,而且其主宰地位是女人自身固有的劣势造成的结果。女人天生居于劣势这个概念传播甚广,似乎已成了所有民族的共同财产。与这种偏见形影不离的是男人心中的某种不安,这种不安很可能起源于他们与母系制度相抗争的那个时代,那时女人的确常使男人提心吊胆,不得安宁。在文学作品和历史文献中我们时常见到这类陈述。一位拉丁作家曾写道:"Mulier est hominis confusio."(女人使男人六神无主。)在神学会诊书卷①中,经常可以看到女人是否有灵魂之类的问题,而所有这些问题的根源,则是"女人究竟是不是人"这一问题。长达一个多世纪的对女巫的迫害和处以火刑,就是这些错误的令人遗憾的见证。在那所幸早已被人遗忘的时代里,关于这个问题有着太多模糊不清的概念和黑白混淆的思想。

女人常被视为万恶之源,这在《圣经》的原罪概念和荷马的《伊利亚特》中都可看到。海伦的故事说明一个女人可以使整个民族陷入不幸。所有的传说和神话故事都包含有关于女人道德沦丧的描述,以及她的邪恶、她的奸诈、她的背信弃义、她的朝三暮四等等的描述。"女人般的愚蠢"等说法甚至成了法律诉讼中

---

① 神学会诊书卷(theological consilia):13世纪至17世纪宗教医师所发布的书信,摘录其诊察疾病的症状及治疗。——译者注

的一个论据。与这些偏见不谋而合的还有对女人能力、勤劳刻苦和才干的贬低,在所有民族的所有文学中都充斥着贬低和攻击女人的比喻、奇闻轶事、训诫和笑话。人们责怪女人心怀怨毒、器量狭小、愚钝糊涂,等等。

对于女人劣势的描述有时甚至发展到了文采飞扬、妙语连珠的地步。在此方面志同道合的包括斯特林堡①、莫比亚斯(Moebius)、叔本华和魏宁格②等人。为数不少的女人对平等理想的放弃、对现有生活安之若素的态度,更使上述志同道合者的队伍不断壮大,并使他们坚定了女人天生居于劣势的信仰。他们所一致维护的,是要女人继续扮演毕恭毕敬的角色。对女人及女人的劳动的贬低,进一步表现为女人的劳动报酬始终比男人低,而不管她们的工作是否具有与男人相同的价值这一事实。

通过对智力测验和才能测量结果进行比较,我们发现在某些方面,比如数学,男孩子表现出了更多的才智;而在诸如语言一类的科目上,女孩子则表现出更多的才能。对那些能够培养男孩子去从事与其男性身份更相符的职业的学科,男孩子实际上的确表现出了较大的才能,但这较大的才能只不过是一种表面现象。如果我们对女孩子的情形做更深入的研究,就会发现所谓女人能力较差的说法不过是极易拆穿的无稽之谈。

女孩子每天都能听到女孩不如男孩能干、只适宜做一些不重要的小事之类的话。于是她逐渐相信了女人不可改变的悲苦命运,加上她在孩提时代就缺乏训练准备,或迟或早便真的相信

---

① 斯特林堡(August Strindberg,1849—1912):瑞典伟大的戏剧家,重要作品有《奥洛夫老师》《鬼魂奏鸣曲》《父亲》等。——译者注

② 魏宁格(Otto Weininger,1880—1903):奥地利哲学家,其唯一著作为《性和性格》,此书发表后不久他即自杀,时年二十三岁。——译者注

了自己碌碌无能。就这样,她变得心灰意懒,当有"男性"特征的职业机会出现时,她对待这一机会的态度就可能是一个先入为主的结论:自己对此肯定兴趣不足。即使有这种兴趣,也会很快就丧失殆尽。就这样,内心的准备和外在的准备都被剥夺了。

在此情形下,女人天生无能的证明便似乎无可争议了。这里有两个原因:首先,判断一个人的价值往往仅仅根据纯粹事业性的标准,或仅以私利为其片面依据,这个事实加剧了错误的铸成。在此偏见影响下,我们几乎很难意识到人的表现和能力在多大程度上与精神的发展有关。由此我们可找到第二个因素,它更强化了女人能力不如男人这样一个谬见。一个常被人忽略的事实是:女孩一进入社会,耳畔就充满了对女人的偏见,这个偏见旨在要剥夺她对自己价值的信仰,粉碎她的自信心,摧毁她做点有意义之事的希望。如果这个偏见不断得到强化,如果一个女孩周而复始地看见的都是女人如何在扮演着低三下四的角色,那么不难理解,她将丧失勇气,不再面对她的职责,不再去努力解决生活中的问题。这样,她就真的变得毫无用处和一无所长了!但如果我们在对待一个人时,总是拆他的台,打击他的自尊心,破坏他与社会的关系,使他放弃成就任何事情的希望,消磨他的勇气,而后发现他最终果真一事无成,这种情况下,我们能说我们所做的这一切是对的吗?我们难道不应该承认,他的一切痛苦都是我们造成的吗?

在我们的文明中,女孩子很容易丧失勇气和自信,但实际上智力测验曾证明过这样一个有趣的事实:有某一批女孩子,具体来说,也就是年龄在14~18岁之间的一批女孩子,才智和能力比参加测验的其他所有人(包括男孩)都高。进一步的研究表

明,这些女孩都来自于这样一类家庭,要么母亲是家中唯一养家糊口的人,要么她至少在相当程度上在帮助维持家中的生计。这就意味着:在这些女孩的家庭生活中,不存在女人无能这样的偏见,或者这种偏见很小。她们能够亲眼见到母亲的勤勉是怎样得到报偿的,其结果就是她们得到了自由得多、独立得多的发展,全然未受"女人天生能力差"等偏见及其不利后果等因素影响。

批驳这一偏见的另一证据是:有相当数量的一批女人,在各行各业,特别是文学、艺术、工艺和医学领域里取得了卓越成就,她们超群绝伦的成绩足以使她们与同一行业的男人相提并论。此外,还有那么多的男人不但一无所成,而且几乎平庸到了极点,我们信手就可找来同样多的证据(当然只是错误的证据),以证明低能的不是女人而是男人。

关于女人劣势的偏见还有一个严重恶果,那就是按照一种框框来对种种观念进行截然的划分和分类,于是,"男性"总是意味着可取、有力、成功和能干,而"女性"则变成了顺从、听话和附属于人的同义词。这种思维方式在人类思维过程中变得如此根深蒂固,以至于在我们的文明里,一切值得嘉许的事都被赋予了"男性"的色彩,而一切不那么有价值或根本就是下三流的东西都被归属于"女性"。我们都知道,对一个男人最大的侮辱莫过于说他女人气,而我们若说一个姑娘男子气,倒未必是侮辱。人们说话时的语气仿佛在暗示,一切让人联想起女人来的东西都是低劣不堪的。

通过更加深入细致的观察我们发现,那些似乎能证明女人劣势的性格特征,其实仅仅表明女人的精神发展受到了阻碍。

我们不敢妄言能使每一个儿童都变成有才能的人,但我们相信,让一个正常儿童变成一个"没有才能"的人却绝对可以做到。幸运的是,我们从未这样做过。但我们知道,其他人在这方面做得简直太成功了。于是,在今天,在我们这个时代,相对男孩来说,女孩被命运压倒和毁掉的情况屡见不鲜,这也就不是什么难以理解的事情了。我们有过太多的机会亲眼见证,"没有才能"的儿童,突然间却表现出超人的智力和才华,以致人们不得不承认这是个奇迹!

4. 逃离女性角色

身为男人的明显优势对女人的精神发展构成了严重干扰,结果导致女人几乎普遍对自身的女性角色表示出不满。女人的精神生活,与那些有强烈自卑感的人有着几乎同样的心灵活动路径和行为规则。关于女人天生居于劣势的偏见使事情更加恶化、更加复杂。如果有为数不少的姑娘找到了某种补偿,她们便将其归功于自己性格的发展、自己的智力,有时也归于某种自己赢得的特权。这不过是表明一个错误出现后,其他错误就会接踵而至。这类特权使人免受职责义务的约束,同时它又是一种奢侈享受,给男人一种虚假的优势,使其仿佛觉得自己在很大程度上得到了女人的尊敬。这里面可能含有一定程度的理想主义,但这种理想主义终归是一种由男人随意点拨、对男人有利的理想。乔治·桑对此曾有过生动的描述,她说:"女人的美德是男人的一个绝妙发明。"

一般地说,在反抗女性角色的斗争中我们可以划分出两种女人。一种是前面已经讲过的：朝着积极的、"男子气概"方向发展的姑娘。她们精力充沛，志向远大，不断摘取着生活的桂冠。她们努力要把自己的兄弟、男同胞抛在脑后，选择的通常都是被视为男人特权的活动；对于运动一类的事，她们兴趣极高。对爱和婚姻关系，她们通常都是尽力避而远之；倘使进入了这种关系，她们也会因奋力要凌驾于丈夫之上而打破其和谐！她们对家务事可能有着极大的厌恶，可能直言不讳地表示这种厌恶，也可能装作不精于此道而间接推卸家务责任。

这种女人用"男子气概"的方式回敬带有恶意的男性态度。她采取的实际上是以攻为守的战术。她被人称作"假小子"、具有"大丈夫气"的女人，等等。然而，这种称谓从根本上讲是错误的。甚至有许多人认为，在这些姑娘身上有一种先天性因素，正是这种先天性的"男性"元素或分泌素导致了她们的"阳刚"态度。然而，整个文明的历史向我们表明，施加于女人身上的压力以及当今女人所必须服从的种种禁忌是任何人都无法忍受的，它必然导致反抗。如果这种反抗以我们所谓的"阳刚"方式反映出来，那原因只是因为可供选择的性别角色仅仅只有两种。人必须在这两个范式中择其一而从之，要么做一个理想的女人，或者就是成为一个理想的男人。对女性角色的逃遁，只能表现为"男子气概"，反之亦然。这种事情的发生并非什么神秘不可知的分泌素在起作用，而是因为在给定的时间和空间里没有别的可能性。我们绝不能忽视女孩在精神发展过程中所遭遇的困难。只要我们不能保证每个女人和男人绝对平等，就不能苛求要她与生活、与我们文明的现实以及与我们社会生活的方式保持一致。

第二种女人终其一生的态度都是听天由命,表现出一种几乎难以置信的适应倾向。她们逆来顺受,谦恭卑微。表面看来,她们所到之处都能很好地适应,诚可谓既来之,则安之,但却同时也表现出一种登峰造极的笨拙无助,以致最终一事无成!她们可能产生神经症症状,这在她们显得柔弱无力的时候会有助于求得他人的体贴关照。她们还借此向世人表明,自己所受的训练、错误的生活方式,是怎样随时随地地受着疾病的影响,最终使她完全不能适应社会生活。她们属于世界上最好的那一类人,但不幸的是她们体弱多病,不能令人满意地去迎接生活的挑战。她们从来都不能让周围的人满意。她们的屈从、谦卑,她们的严于律己,与上述第一类女人的反抗有着相同的基础——她们的一切似乎都在说:"这种生活毫无幸福可言!"

另外还有第三种女人,她们并不抗拒扮演女性角色,但却痛苦地意识到:她们注定低人一等,注定要在生活中扮演从属角色。她们完全相信女人天生低人一等,就如她完全相信只有男人才命中注定能够在生活中成就一番大事业一样。结果,她们对男人的特权地位表示出默许,甚至和大家一齐同声为男人高唱赞美歌,歌唱这创业者,歌唱这伟业的成就者,并要求给他们以特殊的位置。她们清清楚楚地表现出自己的柔弱感,仿佛巴不得让人们意识到这一点,并且由此要求得到额外的扶助,但这种态度只是一场长期酝酿的战斗的开端。为了报复,她们将把婚姻的责任完完全全地推到丈夫身上,而且只需娇口一开,来句"只有男人能做这些事情!"之类轻松畅快的口号,便万事大吉。

虽然女人往往被看作是低能之辈,但却被委以教育的重任。

且让我们来看看这三类女人在面对这最重要、最艰难的工作时的情形,同时也借此更清楚地区分这三类女人。第一类持"阳刚"态度的女人将压制儿童,动辄处罚,从而对儿童施加极大的压力;对此,儿童当然也会竭力躲避。这种教育如果奏效,最好的结果不外乎就是一种毫无价值的军事训练。儿童通常认为这种母亲不是好的教育者,她们的喋喋不休、她们没完没了的待做大事的状态,效果往往很糟糕。更危险的是女孩子可能会受到鼓励和唆使去模仿她们,而男孩子则会一辈子都想起来就害怕。受过这类母亲管教的男人中,有相当多的都会尽其可能地避开女人,仿佛余悸未消似的,而且他们对女人不可能有任何信任感。结果便是两性间的明显分歧和隔离,其病状于我们是一望便知。虽然有些研究者仍在大谈什么"男性元素和女性元素比例失调"。

另外两类女人作为教育者也往往同样徒劳无益。她们可能过分怀疑自己的能力,儿童很快便会发现她们在自信心方面的欠缺而不再理睬她们。在此情况下,母亲重整旗鼓,唠唠叨叨,吆喝训斥,并威胁要告诉他们的父亲。她向孩子的父亲求援,使她再次露馅儿,表明她对自己的教育缺乏信心。她从教育的前线撤了下来,似乎自己的责任就只是证明唯有男人能够从事教育,因此教育离不开男人。这类女人无心在教育上花费力气,而是把教育的责任推交给丈夫或家庭教师;她们这样做毫无内疚懊悔之感,因为她们觉得自己没有任何成功的指望。

对女性角色的不满,可以更明显地见于那些以所谓"更高层次"的理由为借口而逃避生活的姑娘。修女,或其他由于职业要求必须终身不嫁的女人,往往都是这方面的绝好例证。他们无法与自己的女性角色达成和解。这点从这里可以看得很清楚。同样,许多女孩年纪尚轻就进入商界,因为这类工作带来的独立对她们似乎是一种保护,使她们得以免受婚姻的威胁。在此,根本的驱动力仍是对女性角色的厌恶。

对步入婚姻的女人而言,是不是可以说她是心甘情愿选择了女性角色了呢?我们知道,婚姻并不一定意味着姑娘向她的女性角色妥协了。一位 36 岁的女士是这方面的一个典型例子。她来找医生,说自己有神经衰弱等病。她是家里的长女,父亲在年事已高时娶了她母亲——一个年轻骄横的女人。她母亲年轻貌美,却嫁给了一个老头子。这一事实使我们猜想,在她父母的婚姻生活中,对女性角色的厌恶一定起着某些作用。她父母的婚姻其实并不幸福。母亲在家里骄横无度,不惜一切代价地要别人服从她的意志,至于别人是不是愉快则全不放在心上。在所有问题上,老头子都被逼得毫无还手之力。这位女士还叙述说:她母亲甚至不让父亲躺在沙发上休息,因为她全部的心思就是要强制推行一套她认为符合需要的"治家之道"。这个治家之道就是这个家庭的绝对法律。

我们的这位病人是父亲的掌上明珠,也是一位很能干的女人。另一方面,她母亲对她从来都不满意,并且总站在她的敌对面。后来,她母亲又生了一个弟弟。弟弟是母亲的宠儿,母女关系开始变得无法忍受。作为小姑娘的她知道父亲是自己的靠山,不管他在别的事情上是如何的迁就忍让,委曲求全,可一旦女儿的利益面临危险,他总能挺身而出保护她。就这样,她开始从心里痛恨母亲。

在母女之间的激烈冲突中,母亲一尘不染的洁癖成了女儿

攻击的目标。母亲的洁癖迂腐到了女仆碰过门柄后都必须将它擦干净的地步。而这女孩子却偏要衣冠不整、一身肮脏地到处走来走去,瞅准一切机会把家里弄得又脏又乱,并从中获得一种特殊的快感。

性格特征方面,凡是妈妈希望的,她偏偏往刚好相反的一面发展。这一事实清楚地表明,性格并非从父母那里遗传而来的。如果一个孩子所形成的性格几乎能把她母亲气死,那么,在这些性格的背后,一定有一个有意识或无意识的计划。母女间的仇恨一直持续到今天,那种不共戴天的对立简直令人难以想象。

当她八岁时,家里的情况是这样的:父亲永远站在女儿一边,母亲则成天虎着脸在家里晃来晃去,要么吆三喝四发号施令,强制推行她的"治家之道",要么训斥责难她女儿。积怨日深的女儿积极迎战,竭尽讥讽之能事,让母亲的一切行动都难以得逞,而她弟弟的心脏瓣膜病则使战事变得更加复杂。弟弟是母亲的心肝宝贝,一直备受宠爱,并且,因为弟弟患病,使得母亲对他的关心到了无以复加的地步。人们可以很清楚地看到父亲和母亲对待孩子的态度永远是冲突的。小女孩就是在这样的环境中长大的。

没想到,她突然得了神经衰弱,谁也不知道是为什么。她的病实际上一方面是由于她对母亲怀有敌意,总希望她倒霉,另一方面她自己也为此想法深受折磨,以致一切活动都受到了妨碍。最后,她突然开始笃信宗教,但仍无法使情况有所好转。又过了些时候,她心里对母亲的恶意消失了。家里人将这归功于某种灵丹妙药的作用,不过,其实更大的可能是因为她母亲已被迫转入守势。但她仍然残存着对打雷闪电等现象的莫大恐惧。

自还是小姑娘那时起,她就相信,电闪雷鸣的出现是因为自己良心太坏,有一天她一定会遭到雷轰电击,因为她对母亲竟有如此歹毒的想法。我们能看出当时她花了多大力气来摆脱对母亲的仇恨。她一天天长大,似乎灿烂前程正在向她招手。一位老师曾说:"这小女孩儿想干什么都能办到!"这句话对她影响极大。这话本身可能只是随便说说而已,但对她却是个极大的鼓舞,它意味着:"如果我愿意,就能成就任何事。"这一意识觉醒之后,她与母亲的斗争也随之进入白热化。

青春期不期而至,她出落成了一个楚楚动人的少女,成了男青年追求的对象,有许许多多的追求者。但她的伶牙俐齿、她的尖酸刻薄往往使友好关系刚刚建立就又不幸破裂。她感到只有一个男人能吸引自己,那是住在邻近的一个中年男人。大家都担心她有一天会嫁给那中年男人,但过了些时候那男人搬走了,而她仍住在原处。就这样,一直到她26岁都没有再出现一个求婚者。这在她所处的圈子里是件很不寻常的事情,谁也无法做出解释,因为没人了解她的历史。由于从童年开始就与母亲进行着旷日持久的激烈冲突,现在她变得酷爱争吵,使人无法忍受。于她而言,争吵即意味着胜利。她母亲从前的举止行为不断地激怒着她,使她从小就渴求取得新的胜利。唇枪舌剑、强词夺理是她最大的幸福,由此她的虚荣心得到了满足。她的"男子汉气概"还表现出一个特点:只有在料定能够战胜对手时,她才屑于与对方展开口舌之争。

她26岁时遇到一位体面的男人,这男人不顾她的好战态度,百折不挠地、热切地向她献殷勤。他在她面前非常卑顺。亲戚们给她施加压力,要她嫁给这个男人,她却反复解释说这个男

人令她不快,她根本不可能想到要嫁给他。如果我们了解她的性格,这一点也就不难理解。但抵抗了两年以后,她终于接受了这个男人的求婚,因为她坚信她已使他成了自己的奴隶,可以随心所欲地处置。她一直在心中暗自希望,能使他成为父亲的一个翻版,像她父亲那样有求必应,百般顺从。

她很快发现自己犯了一个错误。结婚几天后,她丈夫就已经开始舒舒服服地坐在房间里一边抽烟斗,一边读报纸了。他早上出门去办公室,准时无误地回来吃午饭或晚饭,如果饭没准备好,就咕咕噜噜地抱怨几句。他要求她干净、温柔、准时,还有一整套其他无理要求,而她却没有这方面的心理准备。这种关系与她和父亲间的那种关系几乎毫无共同之处。她的幻想破灭了。她越是索求,丈夫越是不从她所愿;而丈夫越是要她扮演家庭主妇的角色,她也越是撒手不干。每天她一有机会就要提醒丈夫,说他没任何权力向自己提出这些要求,还直言不讳地告诉丈夫,她不喜欢他。但丈夫全不往心里去,继续毫不为之所动地向她提出无理要求,这使她觉得前途暗淡无光,幸福全无指望。这个男人,追求她时曾是那么殷勤,那么体贴;如今追到手了,一切温柔和呵护都随风而去。

她当了母亲以后,他们不和谐的生活也没发生任何变化,而她却被迫接受了新的职责。与此同时,她与自己母亲的关系也日渐恶化,因为她母亲正精力充沛地为女婿摇唇鼓舌,帮腔助势。在家里,她和丈夫的战斗猛烈升级,充满了火药味,以致丈夫有时确实表现得很粗鲁,确实缺乏体谅,而她的抱怨有时也确实不无道理。丈夫的行为直接因她难以接近而起;而她之所以难以接近,又是因为她不愿与自己的女性角色达成妥协。起初她曾认为,她可以永远地扮演女皇角色,所到之处,身边都跟着一个奴隶,会满足她一切愿望。显然,只有在这样的情况下,生活于她才是可能的。

现在她能够做些什么呢?和丈夫离婚,回到母亲那里去,并承认自己失败了吗?她无法独立生活,因为她在这方面没有任何准备;离婚对于她的骄傲和虚荣也将是一种侮辱。生活于她真是一片茫茫苦海,一边是丈夫的批评与苛责,另一边是严厉的母亲在喋喋不休地要她讲究卫生,保持秩序。

突然间,她也变得讲究卫生,喜欢秩序了!成天又是洗又是擦又是收拾房间。仿佛她最终明白了事理,接受了母亲的训导。起初,她母亲一定是喜笑颜开;她丈夫也一定因事情的突然有了转机而乐在心头,因为他年轻的妻子忙进忙出,倒垃圾,擦写字台,擦橱柜,忙得不亦乐乎。然而,人有时会矫枉过正。她擦呀擦呀,把家里所有能擦的东西全擦得光亮如新。她干得热火朝天,谁影响打扰了她,她都会不高兴。而她这种冲天的热情实际上却影响干扰了家里的所有人。如果别人碰了她洗过的东西,她就会再去洗一遍,她认为只有自己才能把这些事干好。

在这种无休止的擦洗中表现出来的是一种病态,这种病态常见于对其女性角色持不满和对抗态度的女人,她们想借此方法、借自己爱清洁的美德来抬高自己,好使自己胜过那些不擦不洗的人。她们的这一切努力仅仅是无意识地想把整个家都搅乱。有这种女人在的家,几乎无一能逃过混乱无秩序的下场。她们的目标不是窗明几净,而是要把整个家搅得天翻地覆。

我们可以举出无数类似的实例,这里,向自己女性角色的妥协仅仅停留在表面。我们的这位病人没有女性朋友,和谁也处

不好，也不知道体贴顾及他人，这一切与我们预料她可能有的生活模式正好吻合。

今后，我们有必要找到更好的教育女孩的方法，让她们更好地准备好与生活达成谅解。我们看到，即使在十分有利的条件下，有时也不可能引导女性去与生活达成妥协，上述病例就是如此。在我们的时代，法律、传统助长了女人天生居于劣势这种错误的言论，虽然任何略有心理学常识的人都不会承认这一点。因此，我们必须随时提防，以识别并纠正在这方面的社会错误行为模式。我们必须在战斗中站在女人一边，倒不是因为我们需要病态一般夸大对女人的尊重，而是因为现有的这种错误态度否定了我们整个社会生活的逻辑。

让我们借此机会来讨论一下常被用来贬低女人的另一种关系：所谓的"危险年龄"，即女人大约五十岁左右这段时期。在此阶段出现了一些新的性格特征。生理上的变化向业已停经的女人表明，她毕生精力苦心经营所树立起来的那一点点所谓的重要性已经一去不复返，悲苦的日子已经来临。在此情况下，她将以十倍的努力去寻求救命稻草，以维护她的地位，这个相对从前尤为显得摇摇欲坠的地位。我们的文明有一个占支配地位的原则，那就是只有存在于眼前的东西才是价值的源泉。在这个时候，每一个上了年纪的人，特别是女人都会遇到困难。对已入暮年的女人价值的否定，给她们的心灵带来极大伤害，同时也影响着每一个人，毕竟人不能每天都靠回忆往日的荣耀过日子。人在年富力强时所成就的事业，在日薄西山的时候似乎显得太遥远了。仅仅因为一个人老了，就将他完全从社会的精神与物质关系中排除掉是不对的。对于一个女人而言，这等于是彻底的否定、贬低与奴役。假想一个少女,想到她生活的这一阶段终有一天会来临,那将是何种心情!女人的魅力,不会因年届五十而销殒。一个人的荣誉和价值,即使跨越这一年纪,也不应丝毫有所改变。这点必须得到保证。

5. 两性间的紧张状态

这所有不幸都因我们文明中存在的错误而起。如果我们的文明染上了偏见的污斑,这个偏见就会伸延开来并触及文明的每个方面,并通过各种不同形式表现出来。**女人低人一等、男人高高在上这一谬见及其必然的结果,不断地搅乱着两性间的和谐。结果,导致所有涉及性爱的关系都变得非同寻常的紧张,威胁乃至完全破坏两性间每一次幸福的机会。我们整个的爱情生活都被这种紧张状态毒化、歪曲、腐蚀。这就是极少能见到美满和谐的婚姻的原因,就是有那么多的儿童感到婚姻是件极端困难、极端危险的事的原因。**

上述偏见在极大程度上妨碍了儿童充分理解生活。想想吧,那么多的年轻姑娘只把婚姻看作是一种逃避生活的太平门,还有那么多的男人和女人只把婚姻看作一种不愿面对却又无法回避的祸害!由两性间紧张状态派生出来的种种困难到今天几乎已成铺天盖地之势。姑娘越是趋向于逃避社会强加于她身上的女性角色,男人越是意欲扮演他的特权角色(虽然这一举动中有那么多错误逻辑),这些困难就越是具有更大的威胁。

同伴关系是与两性角色达成真正和解、两性间真正实现均衡的重要指标。在两性关系中,一个人对另一个人的隶属服从,

就如同国际关系中一国隶属屈从于另一国一样,是无法忍受的。人人都应当非常严肃认真地考虑这个问题,因为错误的态度可能给对方带来相当多的障碍和麻烦。作为我们生活的一个方面,它波及甚广,而且还非常重要,我们每个人都牵涉其中。在我们这个时代,它变得更加错综复杂,因为每个儿童都不得不去接受一种对异性持贬低、否定态度的行为模式。

从容不迫的教育当然能够克服这些障碍;但是,在我们当今这个时代,生活节奏忙忙碌碌,经验证明切实行之有效的教育方式严重匮乏,生活中激烈的竞争甚至影响到幼儿园。所有这一切,无一不残酷地决定着人们在日后生活中的种种倾向。不可计数的人在恋爱关系面前畏缩后退,这种害怕主要由前述那种毫无效用的压力造成,它逼使每一个男人随时、随地都要去证明自己的男子汉气概,哪怕这一证明必须靠背信弃义、心狠手辣或付诸武力才能实现。

不言自明,这样一来,爱情关系中的一切率直坦白和信任都荡然无存。像唐·璜①那样的人,就是因为对自己的男子汉气概持怀疑态度,而需要靠不断的征服来提供额外证明。普遍存在于两性之间的不信任妨碍了所有的开诚布公,结果致使整个人类都蒙受损失。被夸大了的男子汉理想意味着他需要不断地挑战和鞭策自我,让自己随时都处于一种骚动不安的状态,其结果自然只是沽名钓誉、损人利己和对男人特权的维护;而这一切当然都是与健康的社区生活背道而驰的。我们没有理由反对妇女解放运动;而在妇女们为赢得自由和平等而努力的过程中支持

---

① 唐·璜是莫扎特创作的歌剧中的典型人物。他生活在中世纪西班牙,一生专爱寻花问柳。——编辑注

她们是我们的责任,因为全人类的幸福最终将依赖于造成一种使女人能够与其女性角色达成和解的局面。同理,男人如果希望妥善处理好与女人的关系,同样有赖于这一局面的形成。

6. 改革尝试

在为改善两性关系而形成的所有制度中,男女同校的共同教育制是最重要的一种。这种制度还没有得到普遍接受,有人反对,也有人支持。支持者认为,他们最有力的论据是,通过男女同校的教育,两性能有机会从小就相互熟悉了解。通过这种熟悉了解,就能在一定程度上避免种种错误的偏见及其灾难性后果。而反对者则通常反驳说,男孩和女孩在进校时本来就已经截然不同了,男女同校的教育只可能加剧这种差别;在这里,男孩子会感到相当的压力,因为女孩心理发育过程大大先于男孩;而这些男孩不得不维持他们的特权,并努力寻找可以证明自己更能干的证据,可他们很可能会突然发现,自己的特权不过是一个一碰即破的美丽肥皂泡。其他一些研究者则认为,在男女同校的教育中,男孩会在女孩面前显得忧虑不安并丧失自尊。

毫无疑问,这些论据都有一定的道理。但只有当我们从两性间在哪一方更聪明、更有能力问题上的竞争这个角度去考查男女同校制时,这些论据才站得住脚。如果男女同校制对老师和学生来说意义仅仅如此,那它就是个有害的理论。如果我们找不到一个能对男女同校制有更好理解的老师,也就是说,如果老师们认识不到这种制度为未来社会工作中两性间的携手合作提供了怎样一种必要的训练和准备,那么在男女同校制上所做

的一切尝试都将归于失败。假如这一制度就这样惨遭失败,那么获益的将是我们的对手,因为这也正是他们希望看到的。

  要对整个情况做个适当的描述,非得请一个富有创造力的诗人来不可。对于我们,能够把要点讲清楚就已足够。一个少女的言谈举止总使人觉得她自认低人一等,但她也同样有我们前文讲过的对器官缺陷的补偿倾向。区别只在于:对自己低人一等这种观念坚信不疑是由环境强加造成的。她被不可逆转地引入了这样一个行为渠道,甚至极富洞察力的研究者都时常会被误导,错误地接受了她逊人一筹这一谬见。这种谬误的普遍结果是,两性都急于要捷足先登,捞到好处,都竭力要扮演一个并不适合于他或她的角色。结果如何呢?结果是双方的生活都变得复杂化,双方关系中再也没有坦诚相待,彼此都装着满脑袋的偏见和谬误,与幸福相关的一切希望也因此烟消云散。

第 8 章

家庭星座图

历史和经验都表明，幸福并不在于名列第一或出类拔萃。给儿童灌输这样的原则只会使他变得片面，尤其会剥夺他成为一个好伙伴的机会。

我们看到儿童在家庭中的位置将影响到他与生俱来的所有本能、趋向、才干以及诸如此类的东西。

我们从头到尾都在提醒大家注意这样一个事实：在对一个人做出判断之前必须对他成长的环境有所了解。一个重要的因素就是儿童在家庭这个星座中所占的位置。从此观点出发，在掌握了相当的技巧之后，我们就往往可以把人分门别类，并辨别出某一人是家中最大的孩子，是独生子女，还是最小的孩子，等等。

人们似乎从很早就知道，家中的老小通常都属于特殊的一类。这可以在无数的神话故事、传说和《圣经》故事中找到证据，在这些故事中，最小的孩子总有那么多的特别之处。实际上，他确实在一个大大有别于其他人的环境中长大，因为在父母眼中他与众不同，而作为最小的孩子，他受到特别周全的照料。他不但年龄最小，而且通常个子也最小，因而也就最需要帮助。其他兄弟姐妹都已长大，并有了一定程度的独立性，而他仍处在柔弱无力的阶段；由于这个原因，他通常都是在一个相对温暖的气氛中长大的。

这样，他便养成了某些性格特征，对生活态度影响甚大。使他成了一个与众不同的人。有一个与我们的理论似乎矛盾的情况必须特别提一下，这就是儿童都不愿意做那家里的老小，都不愿做那个始终都不受人信赖的人。这一意识刺激儿童去证明他什么都能做，他对权力的追求变得特别强烈。我们发现，最小的孩子通常有一种想要战胜其他所有人的强烈欲望。只有首屈一指、出类拔萃，才能使他们满意。

　　这种类型的人并不少见。在我们的试验中，有一组最小的孩子超过了其家庭中所有的成员，成了家里最能干的一员。而同为家中老小的另一组孩子则很不走运，虽然他们也有超越他人的愿望，但由于与哥哥、姐姐的关系，却缺乏必要的能动性和自信心。如果不能超过哥哥、姐姐，最小的孩子常会临阵脱逃，避开自己的任务，变得胆小怕事，总把过错归于他人，总要找借口逃避自己的职责。他的志向并没有变小，只不过是改换了一个方向，好让自己来个金蝉脱壳，摆脱现有处境。而他对自己志向的满足，则通过在生活必要问题之外的其他活动中实现，以尽最大可能避开来自生活的实质性检验。

　　毫无疑问，许多读者一定会想到，这个最小的孩子表现得仿佛受到了冷落忽略，内心深处一定有种自卑感。的确，在我们的调查研究中常能发现这种自卑感，并能根据他的这种痛苦感觉推断其精神发育状况的特征及方式。从这个意义上讲，这些老小就好比某些带着器官缺陷来到这个世界的儿童。他所感觉的未必一定就是实情；事实如何、一个个体是否果真低人一等也不重要；重要的是他对自己所处境况的理解。我们知道得很清楚，在孩提时代是很容易犯错误的。在此时，儿童面临着众多的问

题、众多的可能性和众多的结果。

教育者该怎么办呢？他该通过调动儿童的虚荣心而给他强加新的刺激吗？他该不断地把儿童推向显眼的位置，好使他总是名列第一吗？不，这样做将是对生活挑战的一种苍白无力的回应。经验告诫我们，是否名列第一并不特别重要；相反，反其道而行之，也就是说，明确告诉儿童名列第一或出类拔萃并不重要或许才是上策。我们已经厌倦了对名列第一和出类拔萃的无节制的强调。**历史和经验都表明，幸福并不在于名列第一或出类拔萃。给儿童灌输这样的原则只会使他变得片面，尤其会剥夺他成为一个好伙伴的机会。**

这种教育的第一个后果就是，它使儿童只想到自己，让成天担心的只是别人会不会赶上他。对同伴的嫉妒和仇恨、对自身地位的担心，在他的灵魂中深深地扎下了根——他在生活中的位置就好比一个加速器，驱使着他大踏步向前，将其他所有人都抛在脑后。他灵魂中的强烈竞争意识表现在他的整个行为中，特别是表现在一些不引人瞩目的生活细节上，尚未学会根据人的所有关系来判断其精神生活的人通常注意不到这些细节。比如，这些儿童总爱走在行进队伍的最前面，不能忍受任何人在前面挡住自己。这种竞争态度是很大一批儿童的性格特征。

这种类型的老小通常自成一个非常独特的类别，但有时我们也常常发现他们又各有其特征。我们发现：在最小的孩子中，有一些积极能干，不同凡响，还有些甚至成了全家的救世主。《圣经》故事中的约瑟就是这类的典型代表！这是对老小处境的一个极好脚注。历史仿佛有意告诉我们，如今人们煞费苦心寻找的证据就在其中。数百年的历史风云中，很多珍贵的资料和素材已经流失，我们必须努力将它们重新找回。

另一类儿童是从第一类儿童中发展演变出来的，这类儿童也很常见。不妨假想一下，我们的马拉松选手在跑的过程中突遇阻碍，而且不相信自己能够逾越过这一障碍。那将是何等一种情形！他一定会设法避开障碍，绕道而行。而当这种类型的老小丧失勇气时，就会成为一个我们所能想象的最怯懦的人——他将远离困难和障碍，仿佛不能胜任克服困难的任何努力。最后，他变成了一个善于找借口替自己辩解的人，什么有用的事也不愿去尝试，一生都在浪费精力、浪费时间。一遇到实际冲突便落荒而逃。我们常发现，他小心翼翼地想找到一种不存在任何竞争可能性的活动领域。他总在为自己的失败寻找借口，他可能说自己太软弱无力或太受娇宠，或者怪哥哥、姐姐们阻碍了自己的发展。如果他真有生理缺陷，那他的命运就会更悲惨。在此情况下，他注定会拿自己的弱点大做文章，为自己自暴自弃的行为寻找借口。

这两种人都很难在生活中成为好同伴。在这个看重竞争的世界上，前一种人会过得好些，因为这种人将以牺牲别人为代价来保持自己精神平衡；而第二种人将在其自卑感的重压下喘息呻吟，并因无法与生活达成和解而终生痛苦。

家中的老大通常也有其显著的性格特征。首先，他的有利条件在于他有着良好的地位以发展其精神生活。历史已经公认，长子有着特别优越的地位。世界上许多民族、许多阶层中，这种有利地位已成为传统。比如，对于欧洲的农夫来说，长子无疑从很小就知道自己的地位，有一天他将接管农场；而其他的孩子也知道，他们将在一定的时候离开父亲的农场。和后者相比，

长子的地位要优越得多。在其他社会阶层，普遍的观点是长子有一天会成为一家之主。甚至在这一传统不那么明朗的阶层，比如地位低下的无产者家庭，长子也是具有相当能力和常识、能成为父母帮手或协助父母监督其他孩子的那一位。我们可以想象，不断得到环境的信任并委以重任对一个儿童来说是多么可贵。可以想象，他的思想发育过程就类似于："你更高大，更结实，更年长，因此你也必须比他们都更聪明。"

如果他在这方面的发展能够不受干扰，就会成为一个法律和秩序的维护者。这种人对权力特别看重。这不但包括他自己的个人权力，而且还会影响他对普遍意义上的权力的看法。对于长子，权力是一种完全不言自明的东西，一种有分量、必须受到尊敬的东西。毫不奇怪，这种人极其保守。

家中老二对权力的追求也有其特殊的、有别于他人的地方。他们一直都在不停息地努力，想要获得优势：决定他们生活活动的竞争性态度明显可以从其行动中表露出来。对家庭中老二来说，有一个已经获得了权力的人在前面这个事实是一种强烈的刺激。如果他能够发展自己的才能并投入与长子的竞争，通常都会以极大的热情迈步向前。拥有权力的长子起初还感到自己相对安全，但很快便感到了被老二超过的威胁。

《圣经》关于以扫和雅各的传说①对此情形有过非常生动的描述。在这个故事中，兄弟间的斗争激烈，与其说俩人争夺的是实际权力，不如说是权力的象征。在类似的实例中，斗争的冲动

---

① 关于以扫和雅各的传说：以撒的长子以扫打猎归来，又累又饿，恰逢其弟雅各在熬红汤，为了得到红汤，他将自己长子的名分卖给了雅各。以撒临终前，雅各又骗得父亲为他祝福，从而被立为王。此传说见《圣经·旧约》，"创世纪"，第25—27章。——译者注

始终存在，直至目的达到，长子被推翻。当然斗争也可能失败，而大多数失败方都会出现某种形式的神经疾病。次子的感受与贫苦阶级的嫉妒很相似，核心基调是一种被轻看、被忽视的感觉。老二有可能把目标定得太高，致使终其一生都受其折磨，打破了内心的和谐，因为他所追求的不是生活中实实在在的本质，而是转瞬即逝、毫无价值的幻象。

独生子女当然有着特殊的处境，他完全受所处环境中教育方法的摆布。在这方面他父母别无选择，他们将全部教育热情都投注在了这独生子女身上。他变得极度依赖，总要别人给指路，总要别人来扶持。他一生都被人娇惯，不习惯面对任何问题，因为道路上的障碍都已有人替他清除干净。由于一贯是注意的中心，他很容易得出这样的感觉，自以为很了不起。他的处境其实很危险，因为在这种情况下养成错误的态度几乎不可避免。如果父母能明白他身处的危险，无疑有可能避开其中不少危险，但怎么讲这也都是一大难题。

独生子女的父母通常极其谨慎小心。父母自身的经历证明社会上人心险恶，因而对孩子就有一种"抱在怀中怕摔落、含在嘴里怕溶化"的感觉。而儿童则将他们的关注和语重心长的告诫理解为一种额外的压力。父母经常对他的健康和福祉嘘寒问暖、提心吊胆，最终使他觉得世界是个充满敌意的地方。面对这么多的困难，他诚惶诚恐，笨手笨脚，完全不知如何下手，因为他从小受宠，只知生活甜蜜愉快的一面。这类儿童每一次独立活动都会遭遇挫折。或迟或早，他们将沦为无用之人。他们生活的航船终将搁浅；他们是生活中的寄生者，无所事事，养尊处优，一切需求都靠别人操劳打理。

如果是同性或异性的多位兄弟姐妹一起竞争，局面则包括多种不同可能性。因此，逐一评估每一种可能性显然非常困难。在此，讨论一下被多位姐妹包围的独子的情况尤为有意义。在这种家庭中，女性影响力占据优势，而男孩则被推到了不起眼的位置，假如他碰巧还是老小，则情况更是尤其如此。这时，他会发现自己孤军作战，想要力敌众姐妹十分艰难。他渴望得到承认的努力会遭遇极大障碍。他四面受敌，在我们这男性文明中被赋予每个男人的特权，于他而言却是个从未确切感受到的东西。他最显著的性格特征是持久的不安全感和无能感，还有无法评价自己作为一个人的价值所带来的无奈。他可能屈服于来自姐妹们的巨大威胁，并感觉作为一个男人并不比作为女人更荣耀。一方面，他的勇气和自信心可能轻而易举地被遮蔽；另一方面，他所受到的刺激是如此之强烈，以致促使他发愤图强，并最终取得巨大成就。这两种情况都出自于同一境遇。这种儿童的最终结果如何，要视与之密切相关的其他情况而定。

因此，**我们看到儿童在家庭中的位置将影响到他与生俱来的所有本能、趋向、才干以及诸如此类的东西。**这种结论使性格特征与才能是从父母那里遗传得来的理论变得一文不值。这种理论对教育方面的一切努力都极为有害。毫无疑问，在某些场合可以明显地看到遗传的影响力，比如，一个在完全远离其父母的环境中长大的儿童，可能形成某些类似的"家族"特征。假如我们还记得，孩子在某些方面发育过程中的错误与其生理方面遗传的缺陷有何等密切的联系，上述问题就会变得更好理解。比如有一个特定的儿童，一生下来身体就很虚弱，结果导致他对来自生活与环境的要求感到高度紧张。如果他父亲生下来时也有类似器官缺陷,探索世界时也有过类似的紧张,毫不奇怪,其结果将是类似的错误和类似的性格特征。从这种观点看,我们认为,这种将后天习得的性格特征归因于遗传作用的理论证据非常薄弱。

综前所述,我们可以断定,不管儿童在发展过程中可能遇到什么样的错误,最严重的后果都是产生这样一种欲望,即凌驾于所有的同伴之上的欲望,为占据较之他人更有利地位而寻求个人权力的欲望。在我们的文化中,他们实际上被迫根据一个固有的模式发展。如果我们想要阻止这种恶性发展,就必须了解他们必然要遭遇的障碍,并努力去理解他们。有一个独一无二的基本观点,能够帮助我们克服所有这些障碍,那就是要努力培养一个人的社会感。如果这方面的培养能够得以成功,障碍便无足挂齿了;但既然这种发展的机会在我们的文化中相对罕见,那么儿童所遭遇的障碍就会扮演一个重要的角色。一旦认识到这点,我们就不会为下列事实感到奇怪:许多人用其毕生精力为自己和他人的生活而战,而本人的生活却充满了艰辛与苦涩。我们必须懂得,他们是错误发展的牺牲品,而这种错误发展的不幸后果则是他们错误的生活态度。

在评判同伴时,让我们还是取一种虚怀若谷的态度,尤其是避免做出关乎一个人道德价值的评判!相反,我们必须让自己在这一方面所拥有的知识对社会有所价值。我们必须满怀同情地看待这样一个误入歧途的人,因为我们比他自己更能理解他内心深处所发生的一切。这就引出了关于教育问题的若干新观点。对于错误源头的正确判断使我们掌握了许多

促进改良的有力武器。通过对人类精神结构和精神发展的分析,我们不但能了解一个人的过去,还能推断他的未来。因此,科学使我们真正地懂得了人是什么。人对我们来说是活生生、有血有肉的,不是二维平面的轮廓。这样,我们对他作为一个社会人的价值判断和理解,自然也就比当下常见的理解更加丰富、更加意义深远。

下 篇

性格科学

所有这些现象都是由不可分割的纽带联系在一起的,它们一方面要受社会生活规则的支配;另一方面则受个人对权力和优越感的追求的影响,并因而以一种特殊的、富于个性的、独一无二的方式表现出来。

阿尔弗雷德·阿德勒

第9章

概　论

　　个体心理学抓住了灵魂的发展这个根本，因为童年时期是个人精神表现的起点。个体心理学确信：这些表现方式不管是整体地看，还是单个地看，都可以分为两种，即社会感占优势的一类和追求权力为主的一类。

1. 性格的本质与起源

  我们所谓的性格特征,指的是个体在竭力适应所处的世界时表现出的一种特殊表达方式。性格是一个社会性的概念。我们谈及性格特征时必须考虑个体与他所处环境的关系。鲁滨逊·克鲁索有着什么样的性格并没有什么意义。性格是一种精神态度,是个体对他所处的环境进行探索的品性与本质。性格是一种行为模式,依照这个模式个体将其对显要位置的追求隐藏在其社会感的背后。

  我们已经看到,赢得优势、获取权力及征服他人这一目标,是如何成为指引着大多数人活动的目标。这个目标限定着个人的世界观和行为模式,并将其形形色色的精神表达导入特定的渠道。性格特征只是个体的生活方式和行为模式的外在表现形式,因而性格特征能使我们了解他对其环境、对其同伴、对其所处的世界以及对生活的挑战的总体态度。性格特征是整个人格用来获得认可和显要的工具与伎俩,而性格特征在人格中实际上就是一种生活"技巧"。

性格特征不是遗传的(虽然许多人认为是遗传的),也不存于先天之中,而应被视为一种与生活模式相类似的东西,这种模式使每一个人在任何情形下无须有意识地考虑它的情况下就能正常生活,表达自己的人格。性格特征并非表现为遗传能力或气质倾向,而是为维持一种特定的生活习性这一目的而获得的。比如,一个儿童并非生而懒惰,他之所以懒惰是因为懒惰之于他似乎是适应生活、使生活变得更轻松的最好方法,同时懒惰还使他得以维持显要地位。在懒惰这一模式中,他的权力态度能够得到一定程度的表达。个体可以吸引人们注意他的先天缺陷,从而在失败面前保住自己的脸面。这种内心活动的最终结果通常与下列言辞相似:"如果我没有这个缺陷,我的才能就会得到良好发展,我就将是一个才气焕发的人。但不幸的是,我确实有这个缺陷!"一个与其环境进行着持久战的个体——因为他对权力的追求训练无素而导致了战线的拉长——将形成有助于此战的任何权力表达方式,诸如野心、嫉妒、不信任等。我们相信,这类性格特征与人格是难辨彼此的,但却并非遗传或恒定不变的。进一步的观察表明,它们为行为模式之必需,也是为了这一目的而获得的,有时在人生之初就获得了。它们不是原发因素,而是继发因素,是由人格的隐秘目标诱发出来的,必须从目的论的观点给予判断。

让我们回忆一下前述的一些论点。我们曾表明,个体的生活方式、行为和世界观都与其目标密切相关。如果脑子里没有

一个明确的目的，我们就无法思考，也无法付诸行动。在儿童灵魂的幽暗背景中这个目标已经形成，并从人生之初就一直指引着他精神发展的方向。这个目标赋予他生活的形式和性质，并由此导致这样一个事实，即：每个个体都是一个特殊的和有头脑的整体，有别于其他所有的人格，因为他所有的运动和生活的所有表达方式都指向着一个普通但却独一无二的目标。意识到了这一点就是认识到了我们随时都可以识别一个人，只要我们知道了他的模式，就能在他行为的任何过程中识别他。

就精神现象和性格特征而言，遗传扮演的是一个相对无关紧要的角色。在现实生活中很难找到足够的论据来支持性格特征由遗传获得这一理论。对某个个体精神生活的任何特殊现象进行研究，追溯其人生之初时，似乎确实一切都是遗传的。有时整个家庭、整个国家乃至整个种族都有着共同的性格特征，原因仅在于，通过模仿他人或把自己和他人的活动等同于某一个体获得这些性格特征。在肉体生活和精神生活中，某些现实、某些特质、某些表达方法和形式对于我们文明社会中的所有青少年都有着特别的重要性。它们的共同特征是能够刺激模仿能力。因而对于那些视觉器官有障碍的儿童对知识的渴求（有时表现为看的欲望），能够促成强烈的好奇心这样一种性格特征。但是这一性格特征的发展没有绝对的必然性。如果出于这个儿童的行为模式的需要，这种对知识的渴求也可能发展成为另一种性格特征。这个儿童既可能通过对一切事情进行研究、剖析来使自己得到满足，也可能在其他情况下成为一个迂腐的书呆子。

我们也可以用完全相同的方法对听力有缺陷的儿童存在的不信任态度做出评估。在我们的文明社会中，他们面临更大的危险,而他们也以特别敏锐的注意力感觉到了这一危险。他们被人取笑、贬低,并经常被人视为废物,这些乃是形成不信任性格的最重要因素。既然聋哑人无法享受许多乐趣,他们对这些乐趣心存敌意就不足为奇了。认为他们生来就具有不信任的性格这一假设是毫无根据的。认为犯罪性格特征具有先天性的理论也同样是荒谬的。据此,我们对一个家庭中产生几个罪犯这一论据可以进行有力的反驳。人们应该注意的事实是:在这些家庭中,某种传统、某种对待世界的态度以及坏的榜样都在发挥作用。据此这些家庭中的儿童往往从小就认为偷窃能够养家糊口。

对获得认可的渴求,我们也可以用同样的方法进行考查。每个儿童都在生活中面对着众多的障碍,以致他们在成长过程中不可能不追求某种形式的显要地位。这种追求所取的形式是可以互换的,而且事实上每个人都以他自己独特的方式对待个人意义这个问题。儿童与其父母在性格特征上的相似性可以很容易地得到解释,事实是,儿童在追求显要的过程中,将他周围那些已经变得显要并受到尊重的人作为自己的榜样和理想典范。每一代人都以这样的方式向其先辈学习,一旦在追求权力的过程中遇到巨大的困难,他们便会坚持自己所学到的东西。

优越感这一目标是个隐性目标,社会感的存在阻止了它显性发展。它只能悄悄地生长,并隐藏在友好面具之后。然而,我们必须重申,只要我们人类更好地相互理解,它就不会如此繁茂旺盛地生长。如果我们能够进步到每个人都独具慧眼、轻易洞察其邻人的性格,那我们就不但能更好地保护自己,同时也让对手难以表达他对权力的追求,因为,如果他要这样做就会得不偿

失。在此情况下,这种隐藏的权力渴求就会消失。因此,进一步研究这些关系以及利用已经获得的实验证据都将使我们受益。

我们生活在错综复杂的文化环境中,生活中应有的训练因而变得非常困难。一般人无法得到培养心理敏锐性的最重要的方式;而迄今为止,学校的唯一价值只在于将原始的知识摆在儿童面前,不管他们乐意不乐意都得费力地去消化,而并没有致力于激发他们对知识的兴趣。即使就是这样的学校,要想多有几所,也只是美好的、难以实现的愿望!到目前为止,理解人性的最重要前提都被疏忽了。我们自己也是在这些旧学校中学到了衡量人的标准。我们在那里学会了如何区分善恶好坏;而我们没学到的则是如何修正我们的观念,结果我们将这一缺陷带入了生活,并一直在缺陷中艰苦挣扎到今天。

作为成年人,我们仍在使用儿时的那些偏见和谬说,仿佛它们就是神圣的法律。我们尚未意识到,我们已陷入到了复杂文明的混乱之中;我们不知道,我们所接受的现成观念,使我们根本无法真正认识事物的本来面目。归根结底,我们奔波忙碌着对一切都进行解释,其出发点不过是以提升我们个人的自尊心,而最终结果也不过是,使我们个人变得更强大。

2. 社会感对于性格发展的重要性

仅次于权力追求的社会感在性格发展中扮演着最重要的角色。正如对显要感的追求一样,它在儿童最早的精神倾向中,特别是在他渴望与人接触和渴望得到温情的愿望中,就已经表现出来了。在前面我们已经知道了社会感发展的条件,这里我们只是简略地做一个回顾。社会感既受自卑感的影响，又受补偿性的权力追求的影响。人类极易形成各种各样的自卑情结。精神生活的过程，即寻求补偿、寻求安全感和整体感带来的不安，在自卑感刚一出现时就跟着出现了，而其目的乃是为了得到生活的安宁和幸福。我们在对待儿童时所采用的行为规则来源于对他的自卑感的认知。这些规则总结起来就是这么一条告诫：不可使儿童的生活太苦，不可使儿童过早地看到生活的阴暗面，必须让他有机会体验生活的乐趣。这便需要具备另一些具有经济性质的条件。不幸的是，儿童常常在不必要的悲苦境遇中长大，他们所面临的种种误会隔阂、贫穷困苦本来都是可以避免的。身体的缺陷扮演着一个重要的角色，因为这些缺陷可以使正常的生活成为不可能，并使儿童感觉他需要享有特别的权益和规则，以维持其生存。即使我们能够为他们提供这一切，也无法避免这些儿童从经验中感知生活的不快和困难重重，这又反过来导致其面临社会感扭曲这一巨大危险。

我们只有以社会感为标准才能对人做出判断，并依此衡量他的思想和行为。我们必须坚持这一观点，因为人类社会中的每一个体都必须确认他与社会的关联性。这种需要使得我们能或多或少清楚地认识到，我们对我们的同胞负有什么样的责任。我们置身于生活之中，受到社会生活逻辑的支配。这就决定了我们需要一定的已知标准来评价我们的同伴。个体社会感的发展程度，是人类价值的唯一标准，而且是放之四海而皆准的标准。我们不能否认我们的精神对于社会感的依赖，没人能够使他的社会感脱离其整体而存在。我们没有任何理由完全逃脱我们对同胞的责任。社会感不断地在警告着我们，提醒着我们。

这并不意味着社会感不断地出现在我们的意识思想里;但我们的确认为,要歪曲它、撇开它需要调动某种力量;此外,其普遍的必要性决定了任何人在行为之前都得首先让这个社会感来证明其行为合理。对每一言、每一行之合理性的证明源自无意识的社会整体感,它至少决定了我们必须经常为我们的行为寻找借口。由此,又产生了生活的特殊技巧,以及思维和行为的特别技巧,这些技巧使我们希望与社会感保持密切、融洽的关系,或者至少用社会关联性这一假象来欺骗自己。简而言之,上述解释旨在说明有一种貌似社会感的幻景,像幕幔一样地掩盖了某些倾向。仅仅发现这些倾向就能使我们对某个行动或某个个体进行正确地评价。这种带有欺骗性的出现增加了评估社会感的难度,而正是这一难度把对人性的理解提升到了科学的层面。让我们举几个例子,以说明社会感是怎样被误用的。

一个年轻人曾告诉我们,他和同学们游到海中的一个岛上,并在那儿玩了一会儿。正巧他的一个同学斜靠在崖壁上时失去了平衡,掉进了海里。我们这位年轻人赶忙斜过身体,怀着极大的好奇心观看他的同学怎样沉入水中。后来,他在想起此事时觉得当时他并不认为自己在那一刻的举动是出于好奇。掉进海中的那个年轻人凑巧被救了起来,但就讲故事的这位年轻人而言,我们敢说,他的社会感非常淡薄。如果他告诉我们他一生中从来没有伤害过任何人,并且偶尔还能与伙伴友好相处,我们便不会被这些现象所欺骗而相信他的社会感并非淡薄欠缺。

这个大胆的假设需要更多的事实支撑。这位年轻人经常重复做的一个梦:他发现自己被关在森林中的一间小屋里,与其他所有人隔绝了。这主题也是他在画画中最喜欢采用的一个。

熟知幻想并对他的病史有所知晓的人都能轻而易举地认识到，他的社会感的欠缺在这个梦中得到了证实。我们在不做任何道德判断的情况下指出，他的错误发展阻碍了他的社会感的进化，从而使他成了牺牲品。我们这样说并不能算对他不公。

有一件轶事可以很好地表明真假社会感之间的区别。有一位老太太在上公共汽车时摔了一跤，滑倒在雪地里。她自己爬不起来，而来往的路人匆匆地走过，似乎没注意到她的困境。后来一个男士来到她身边，把老太太扶了起来。这时，另一个男士从他躲藏的角落里蹿了出来，对扶老太太起来的那个男士说："谢天谢地！我终于找到了一个正派的人。我在一旁站了五分钟了，想要看看有没有人扶这位老太太起来。你是第一个扶她的人！"这件事表明，社会感的假象是如何可能被人误用。靠着这个一拆就穿的小把戏，一个人使自己成了他人的法官，评判功过是非，但他只是冷眼旁观，并未动一根指头去帮助困境中的人。

还有一些更为复杂的情况，不那么轻易地能够决定社会感的大小强弱。我们没别的办法，只有进行细致研究。一旦着手研究，我们就能很快弄清事情真相。比如有这么一种情况，有一位将军，虽然他知道大势已去，仍然强迫成千上万的士兵去做无谓的牺牲。将军当然会说，他这样做是为了国家的利益，而许多人也会同意他的说法。但很难把他看作是一个真正的同伴，不管他拿什么理由来为自己辩护。

对这些无法确定的情况，我们需要有一个普遍适用的观点，以做出正确的判断。对于我们，这样一个观点存在于社会效益和人类的安宁幸福，即"公共福利"之中。基于这个观点，我们在

对特殊情况做判断时就不会有多少困难了。

　　社会感的程度表现在个体的每一活动之中，比如，可以见之于他的外部表情上。他看人的方式、握手的方式，或说话的方式。他的整个人格都会给人留下难以磨灭的印象，而我们对这一切几乎是凭直觉感受到的。我们有时无意识地从一个人的行为得出一些广泛的结论，而我们的态度也在很大程度上取决于这些结论。我们所进行的这些讨论正是要把这些直觉知识纳入意识的范畴，使我们得以检验并评估它们，最终达到免犯大错的目的。这种向意识转化的价值在于，它使我们更少受错误偏见的影响。（如果我们听凭我们的判断在无意识中形成——在无意识中我们无法控制自己的活动，而且没有机会进行修正——这些错误偏见就会很严重。）

　　让我们重申，只有在知道了一个人的既往和他的环境以后，才能对他的性格做出评价。如果我们曲解他生活中的单个现象，并孤立地对此现象做出判断，比如只考虑其身体状况，或只考虑其环境或教育，那么，错误的结论就将是不可避免的。这一命题之所以重要，是因为它直接卸掉了人类肩上的一大重负。对我们自己更好的理解加上我们的生活技巧，必须产生更适合于我们需要的行为模式。用我们的方法就能够影响他人，特别是儿童，使其变得更好，并阻止那些难以捉摸的无情命运，否则它有可能毁掉我们的儿童。这样，个体就不再会因为出生于不幸家庭，或有遗传缺陷而注定要过一种不幸的生活。只需做到这点，我们的文明就将向前迈出决定性的一步！新一代人在其成长过程中将勇敢地意识到，他们是自己命运的主人！

3. 性格发展的方向

在人格中任何引人瞩目的性格特征都必须与从孩提时代就开始的精神发展方向相适宜。这个方向可能是条直线,也可能是条迂回的曲线。最初,儿童沿着一条直线奋力实现他的目标,并形成敢作敢为、勇于进取的性格。性格的发展在开始通常都具有这类活跃、进取的特征,但这条直线很容易被扭曲或修改。困难可能固有地存在于儿童对手巨大的抵抗力之中,因为他们会直截了当地阻止儿童达到优越感这一目标。儿童会设法避开困难绕道前行,而这种迂回策略将决定某些特定的性格特征。在性格发展中的其他障碍,诸如器官的发育不良,以及环境对他的拒斥、打击,都会对他产生类似的影响。此外,世界这个更大的环境的影响和无法回避的教师的影响,也极其重要。通过教师的要求、质疑、情感等表现出来的我们文明中的生活职责,最终也将影响他的性格。所有的教育都注意个性和态度,以便学生朝着社会生活和其时代的主流文化的方向发展。

各种各样的障碍对于性格的直线发展都是危险的。只要有这些障碍存在,儿童用来达到其权力目标的路线就会或多或少地偏离原有的直线。起初,儿童的态度不会受到干扰,他会直接地面对障碍;可到了后来,他完全变成了另一个人,懂得了火会把人烧疼的,在对手面前他必须小心翼翼。他沿着迂回的精神线路试图达到获得认可以及权力这两个目标,他懂得了不能直着来,而要靠技巧。他的发展将与这种偏离的程度成正比。他是否过于谨慎,是否发现自己与生活的必然结果协调融合,或者

他是否避开了这些必然结果,所有这些都取决于前面提到过的那些因素。如果一个儿童不直接地面对他的任务和问题,如果他变得胆小卑怯,不敢正视另一个人的眼睛,或者不敢讲实话,那他就完全是另一类儿童了;但这类儿童的目标与上述那种勇敢的儿童的目标完全相同。即使两个人做着不同的事,他们的目标却可能是一样的。

在同一个体身上可能一定程度地存在着两种性格的发展。特别是儿童的倾向尚未明确定型的时候,其思想仍具有可塑性,他的道路并不总是一条,一旦这条路走不通时就会去寻找新途径。

宁静而未受干扰的社会生活,是适应社会要求的首要前提。只要儿童对其环境并不持有好战态度,我们就能轻易地将这种适应方式教会给他。只有当教育者能做到将自己对权力的追求减少到最低限度,不至于给儿童造成心理负担时,家庭内部的争战状态才可能消除。此外,如果父母懂得儿童发展的原理,就能避免直线性格特征的发展变得不正常,比如勇气堕落为厚颜无耻、独立蜕变为赤裸裸的自私等。同样,他们也能避免任何外来的、强制性的权威,在自己身上打下奴隶般服从的印记。如果不是这样,这种有害的训练就可能使儿童变得与世隔绝,害怕真理,害怕由坦率所带来的后果。压力用在教育中会给儿童带来无尽的伤害。它会导致表面上的适应,因为强制性的服从仅仅是表面的服从而已。儿童与其环境的关系只反映在他的灵魂之中。可能出现的所有的障碍是直接还是间接地作用于他,也反映在他的人格里。儿童通常不能对其外界的影响作出判断,而他身边的成人对这些影响要么一无所知,要么就是无法理解。

儿童所面临的种种困难障碍，再加上他对这些障碍的反应，就构成了他的人格。

我们还可以用另一种方法来对人进行划分。划分的标准是他们对待障碍的态度。首先，有些人是乐观主义者，这些人的性格发展大体是条直线。他们勇敢地面对所有的障碍，不把这些障碍放在心上。他们坚持自己的信仰，相对轻松自如地确立一种快乐的生活态度。他们对生活没有太多的要求，因为他们能恰当地评价自己，并不认为自己受到了冷落怠慢或被人瞧不起。因此，与那些在障碍面前觉得自己软弱无能的人相比，他们能较轻松地忍受这些障碍。在较为困难的情形中，这些乐观主义者能够镇静自若地相信，所有的错误终将得到纠正。

乐观主义者可以从其言谈举止上被人识别出来。他们无所畏惧，畅所欲言，而且总是显得不卑不亢。如果用富于艺术表现的手法来形容，他们就是那种张开双臂、准备拥抱其伙伴的人。他们容易与人相处，也不难与人交朋友，因为他们并不疑神疑鬼。他们说话畅快，他们的态度、他们的举止仪态以及他们的走路姿势都是自然而轻松的。典型的这种例子很难找到，除非是在稚气未消的孩提时代；然而，只要其具有相当程度的乐观主义和社交能力，我们也就非常满意了。

与之截然相反的一类人是悲观主义者。在教育上最令我们头疼的就是他们。这些人由于孩提时代的经历和印象而形成了"自卑情结"，他们所遭遇过的重重障碍使他们得出这样一个感觉：生活不是一件轻松舒适的事情。由于他们悲观的个人哲学，他们总看到生活的阴暗面，而他们的哲学是由其孩提时代所受的不公正待遇滋养出来的。他们比乐观主义者更能意识到生

活中的种种障碍,并且很容易丧失勇气。在不安全感的折磨下,他们不断地在寻求帮助。他们求救的呼喊声在其外部行为中不断回荡着,因为他们不能孤身独立。如果他们是儿童,他们就会不停地叫着要妈妈,母亲刚一离开,他们就会大哭大闹。这种哭闹着要妈妈的声音有时甚至在他们晚年似乎都能听到。

　　这类人反常的谨慎小心可以从他缩手缩脚、战战兢兢等外部态度中看出来。悲观主义者总在琢磨着近在咫尺的危险何时会降临到他们身上。实际上,睡眠是衡量人的发展的一个极好标准,因为睡眠的不安稳意味着在不安全感面前会表现得更谨小慎微。仿佛他们永远都在戒备提防,以便能在生活的威胁面前更好地保护自己。对于这种类型的人来说,生命的乐趣少得可怜,而他们对人生的理解也非常肤浅。一个睡不好觉的人,也就是一个生活技巧极差的人。倘使他的结论果真正确,那他根本就不敢睡觉了,因为生活如果真如他所想的那么悲苦,那么睡眠就是上帝所做的一个极为不妥的安排了。从悲观主义者在对待生活中的自然现象时所采取的不友善态度上,我们可以看出他对生活是毫无准备的。睡眠本身是不应被打搅的。如果一个人老是担心他的门是否锁好了,或总在做夜贼入室行窃或强盗破门而入这一类的梦,我们就可以猜想他也具有这种悲观主义倾向。事实上,从一个人睡觉的姿势,我们都能看出他是否是一个悲观主义者。这类人经常在睡觉时尽可能地蹲作一团,或者用被子死死地捂住自己的头。

　　我们还可以将人分成攻击者和防御者两种。攻击者的态度以猛烈有力的运动为其特征。这种攻击型的人在勇敢的时候会使其勇敢升级为莽撞,以便热切地向世界证明他们的能干,这恰好暴露了缠绕着他们的不安全感。而当他们焦虑时,他们会使自己变成铁石心肠,以为这样就不会害怕了。他们扮演"男子汉"角色到了荒唐可笑的地步。他们中还有一些人竭尽全力地抑制所有的恋情和柔情,因为在他们看来,这些情感是软弱的象征。攻击型的人表现出野蛮和残忍的性格特征,如果他们身上出现悲观主义的倾向,则他们与环境的所有关系都随之改变了,因为他们既无同情的能力,又无合作的能力,他们对整个世界都持着敌对的态度。他们有意识的自我价值感可能达到了极高的程度。由于这种自我价值感,他们可能骄傲自大,自以为是。他们处处表现出虚荣,仿佛自己果真是世界的征服者。这些明显而多余的动作,不但使他们与世界的关系变得不和谐,而且还暴露出他们的整个性格,犹如修筑在流沙之上的高层建筑。他们那可能持续很长时间的侵略型态度就是这样产生的。

他们随后的发展并不一帆风顺:人类社会对这类人并无多少好感,他们到处招摇这一事实就决定了他们不被人喜欢。他们一心就想着要占上风,但很快就发现自己与别人,尤其是与其他攻击型的人发生了冲突,因为他们唤起了对方的竞争意识。对于他们,生活变成了一系列的战斗,而在遭遇了不可避免的失败时,他们的好胜心与斗争精神便宣告结束了。他们很容易变得惊慌失措,不能长久地保持其战斗力,也不能挽回败局。

因无法完成任务对其带来的影响具有追溯性:他们这种性格发展趋向停滞的时候,就正是另一种性格类型,即感到自己受到攻击的性格类型抬头的时候。第二种类型的人就是这种受到攻击、不断地采取防御措施的人。他们不是靠进攻来弥补其不安全感,而是借助于焦虑、提防以及怯懦。我们可以肯定地说,

这类人常是由前述的那种攻击型转变而来的，发生这种转变只是由于他们不能成功地维持其侵略态度。这种防御型的人很容易被不幸经历吓倒，他们从这些不幸经历中得出了令人丧气的结论，他们在遇到敌手时总是虚晃几枪便溜之大吉。好像这种退却只是为了要做更有益的事情，有时能够以此作为他们临阵脱逃的借口。

因此当他们沉湎于对往事的追忆，或是习惯于在幻想中想入非非的时候，实际上只是想逃避对他们造成威胁的现实。他们中的一些人并没有完全失去进取心，因而可能做出一些对社会并非全无益处的事情。许多艺术家就属于这种类型。他们脱离社会，孤身独处，在幻想和憧憬中为自己创造了一个没有障碍的理想世界。这些艺术家是这类人中的一个例外。防御性的人通常会向困难投降，而且总是一退再退，连连败北。他们怕所有的事和所有的人，疑心越来越重，他们认为世界上只有敌意。

不幸的是，在我们的社会中，他们的态度却因为别人吃的苦头而不断得到强化。很快，他们就失去了对人类所有优良品质以及美好生活的信心。这类人最常见的性格特征之一，是他们表现出来的批判态度。发展到相当程度时，他们一眼就能看到别人身上最不起眼的缺陷。他们自封为人类的法官，指手画脚，却从不为他人做点有益的事情。他们整天忙着指指点点，吹毛求疵以及败坏他人的兴致。他们的疑虑迫使他们采取一种焦虑、犹豫的态度，只要一旦面对工作，他们就开始怀疑、犹豫，以避免做出任何决定。如果要我们形象地描述这种人，我们可以说他是举起一只手招架，举起另一只手蒙眼，因为他害怕看到危险。

这类人还有其他一些令人不悦的性格特征。众所周知,不相信自己的人绝不会相信他人。嫉妒和贪婪之于他们是不可避免的。这些心怀疑虑的人所过的闭关自守的生活,意味着他们不愿意为他人带来乐趣,不愿意分享别人的幸福。不仅如此,他人的幸福几乎可以说就是他们的痛苦。他们中的一些人可能靠一种行之有效而难以识破的把戏而获得一种高于他人的优越感。由于想要不惜任何代价地维持这种优越感,他们可能形成一种极其复杂的行为模式,以致乍一看,我们可能根本想不到他们对人类怀有一种完全的敌意。

4. 心理学的旧流派

确实,一个人在未曾自觉意识到自己的研究方向时,也可以着手理解人性的工作。通常的方法是,从精神发展的前后关系中取出单独的一点,然后根据此点对人进行"分门别类"。比如,有一种人喜欢苦思冥想,喜欢生活在幻想世界,对实际人生知之甚少。这种类型的人很难以积极行动投入到现实生活中。而另一类人则根本不喜欢沉思冥想,只一味实事求是,积极行动,埋头苦干。这两种类型的人的确存在。但是,如果我们赞同这种心理学流派,我们的研究很快就可结束了,我们也会像其他心理学家那样,心满意足地断言:上述第一类人的幻想能力得到了较好的发展,而第二类人的工作能力得到了较好的发展。对于一门真正的科学,这是远远不够的。我们需要找到更好的概念,来说明这些事情是怎样发生的,为什么必然发生以及能否避免或减缓其发生。正因为如此,上述人为的、肤浅的分类对于人性

的理性研究是不确切的,虽然他们所做的种种分类如上所述的确存在。

个体心理学抓住了灵魂的发展这个根本,因为童年时期是个人精神表现的起点。个体心理学确信:这些表现方式不管是整体地看,还是单个地看,都可以分为两种,即社会感占优势的一类和追求权力为主的一类。 由于这一论点的提出,使个体心理学掌握了根据简单的和普遍适用的概念去理解人性的钥匙。任何人都可以根据这一关键性概念而得到划分,因为这一概念有着广泛的应用领域。不言而喻,心理学家在对每一病例进行分析、研究时,都应既有谨慎的态度、又有相当的技巧。有了这样一个不证自明的前提,我们也就有了一个标准,就能说明某一精神现象是以社会感为主而掺杂着一点个人权力和特权的追求,还是个人私欲、个人野心占据上风,仅仅在凌驾于他人之上的优越感得到满足后才为他人着想。以此为基础,以前曾被误解的某些性格特征就不难得到更清楚的理解,也不难根据它们在整个人格中的位置来衡量了。而一旦我们理解了一个人的性格特征或行为模式,我们就同时掌握了一种知识和技能,可以用它来校正个体的种种行为。

5. 气质与内分泌素

"气质"这一范畴是精神现象与特征的一个古老分类。很难知道"气质"究竟指的是什么?是一个人思想或言谈举止的敏捷性?还是他干工作时所表现出的力量或节奏?稍加分析我们就会发现,心理学家们在对气质本质的解释上大相径庭,而且实在有捉襟见肘之嫌。我们必须承认，科学没能够摆脱人有四种气质这一概念的影响，这个概念可以追溯到远古的时候，那时人刚刚开始着手研究精神生活。这种气质的划分法起源于古希腊，当时希波克拉底①将气质划分为多血质、胆汁质、抑郁质、黏液质四种，这种划分后来又被罗马人采用并延续到今天，成为我们今天的心理学中高尚可敬的神圣遗产。

多血质的人表现出对生活充满热爱，他们凡事都不怎么往心里去，深知"笑一笑，十年少"的意义；他们眼见的是生活幸福愉快、美好动人的一面；他们在该伤心的时候才伤心，而且是哀而不伤；他们懂得及时行乐，却乐而不淫。他们是真正健康的人，在他们身上找不到什么大的缺陷。而对其他三类人我们则不能这样说。

胆汁质的人如果用古老的诗体语言来描述，就是对其道路上的障碍石，他会狠命地踢开，而不像多血质的人那样心安理得、悠哉悠哉地绕过去。用个体心理学的话来说，胆汁质的人由于其对权力的追求欲太强烈，因而具有较为明显的暴烈特征，他感到随时都应该证明他的权力。他所感兴趣的，只是用直截了当带有侵略性的方法去克服一切障碍。实际上，这些个体的更加强烈的运动开始于他们的人生之初，即缺乏权力感而必须随时证明其权力存在的时候。

抑郁质的人给人留下的是完全不同的印象。还是用我们前面所用的比喻方式来说吧。抑郁质的人一看见石头，就会想起他所有的罪孽，就会郁郁沉思，伤怀旧事。个体心理学认为他是

---

① 希波克拉底（Hippocrates，约前461—前377）：古希腊医生，被誉为医学之父。其《流行病学》《圣病》《希波克拉底誓言》为极其著名的医学专著。——译者注

个神经病患者,其明显的犹豫态度表明他对克服困难或迈步朝前毫无信心。他不愿为新事物冒险,宁可原地踏步,也不向目标挺进;如果这种人果真要迈步向前,那么他的一举一动都将是极其谨慎小心的。在他的生活中,怀疑扮演着主要的角色。这种人想自己的时候远远多于想别人的时候,这最终将使他不再可能与生活发生任何联系。他被自己的忧伤所压垮,只回首凝望过去,或者沉醉于徒然的内省之中。

黏液质的人大体而言是生活中的门外客。他只收集印象,却不从中推断出适当的结论。他对待一切都淡泊如水,兴味索然;他也不结交朋友。一句话,他与生活几乎没有什么联系。在这四种人中,他可能是最远离生活的。

因此,也许我们可以得出结论:只有多血质的人才可能成为一个有益的人。然而,只具有某种单一气质的人很难找到。在绝大多数的时候,一个人具有两种或更多的气质,仅这一点就能抹去气质学的所有价值。这些"类型"和"气质"也不是固定不变的。我们常发现一种气质融贯入另一种气质,比如儿童大都是多血质,后来转变成胆汁质,继而是抑郁质,最后以黏液质而终其一生。多血质的人似乎在孩提时代很少有自卑感,重要的身体缺陷也最少,而且也很少苦恼烦躁,结果是,他平静地发展,对生活有一定的热爱,这使他得以稳步昂首地走向生活。

然而科学向气质学提出了挑战,它宣告:"气质取决于内分泌腺。"医学科学的最新成果之一,是对内分泌激素之重要性的承认。内分泌腺包括甲状腺、脑垂体激素、肾上腺素、胰腺、睾丸和卵巢中的间质腺以及其他一些组织。对于这些内分泌腺的功能我们现在还只有模糊的了解。这些都是无管腺,但仍能将其分泌物输入血液。

人们普遍认为，所有的器官和组织的生长与活动都受着这些被血液带入每个细胞的分泌素的影响。这些分泌素的作用就像是活化剂和解毒剂，它们对生命至关重要，但对于这些内分泌素的完整意义我们还不得而知。整个关于内分泌素的科学还处在萌芽状态，与这些内分泌素的功能有关的确切事实还寥寥无几。但既然这门年轻的科学已经得到了承认，并已经试图在有关性格和气质方面指导心理学的发展，因此，为了证实这些分泌素决定着性格和气质，我们必须就此说些什么。

首先来看一个重要的异议。假设一个人得了病，比如由于先天性缺少甲状腺分泌素而引起的呆小病（cretinism），我们显然会同时发现，在病人身上还有些与黏液质一类的人极其相似的精神现象。患这些病的人浑身肿胀虚胖，头发的生长反常，皮肤变得特别粗糙，行动也特别缓慢，显得无精打采。他们的精神敏感性大大降低，主动性丧失殆尽。

如果我们拿这个病例与被我们称为黏液质的实例做一比较（在黏液质的人身上并没有因甲状腺的缺少而引起明显的病理变化），我们就会发现：展现在我们眼前的是两幅完全不同的图画，两种完全不相似的性格特征。因此，我们可以说，在甲状腺的分泌素中虽然似乎有某种能帮助维持正常精神功能的东西，我们却不能说黏液质是因缺少这种甲状腺的分泌素而形成的。

病理性的黏液质与我们习惯上所说的黏液质完全不同：心理学意义上的黏液质性格和气质由于与个体的心理史密切相关而完全有别于病理意义上的黏液质。我们心理学家感兴趣的黏液质的人绝不是静态的个体。我们常可在黏液质的人的身上看

到极其强烈的反应。没有一个黏液质的人会一辈子都是黏液质；我们发现，他的这一气质只是一种虚假的外壳、一种防御机制和一座堡垒。作为一个过分敏感的人，他创造出这个外壳和这种防御机制来保护自己，并在自己与外部世界之间修筑起这样一座堡垒。黏液型气质是一种防御机制，是对生活的挑战做出的意味深长的回应。从这个意义上讲，它与由于先天性缺少甲状腺分泌素的呆小病患者毫无意义的迟缓全无相似之处。

甚至在完全由甲状腺分泌素的缺乏而导致的黏液质病例中，这一有重要意义的异议也并没有被推翻。全部问题的关键并不在这里。实际上，真正关系重大的是一整套复杂的因果关系，是一整套器官活动加上种种外来影响后所产生出来的自卑感。基于这种自卑感，能够形成黏液性气质的人企图借此保护自己自尊心免受侮辱和伤害。但是这仅仅意味着我们在特别讨论一种我们已泛泛讨论过的类型。在这里，甲状腺分泌素的缺少乃是某一特定的器官缺陷，而其结果却扮演了无比重要的主角。这种器官的缺陷导致了一种扭曲的生活态度，而个体则希望通过某种精神把戏来获得补偿，于是黏液质角色的扮演派上了用场。

为使我们的概念得到进一步证实，让我们再来考虑一下由其他内分泌素的分泌失常而引起的疾病。比如巴西多氏病（Basedow's disease），或叫作甲亢。这种病是由甲状腺分泌素过量引起的，病人心动过速，脉搏加快，眼球突出，甲状腺肿大，感情上或多或少具有走极端的倾向，双手不停颤抖。患这种病的人特别爱出汗，肠胃消化不好，这是由甲状腺素分泌失常影响到胰腺所造成的。这类病人极为敏感易怒，他们的特征是性急、易怒、双手颤抖，还经常伴有焦虑的出现。典型的突眼性甲状腺肿大病人，其情形毫无疑问与我们所说的焦虑过度的人的情形极为相似。

然而，说他与心理学意义上的焦虑完全相同则是犯了一个严重的错误。这种焦虑表明，我们在甲亢的病人身上所看到的这些心理现象，诸如无法从事某些体力或脑力劳动，容易疲倦，极度虚脱等，不但是由精神的原因决定着，而且也是由器官的原因决定着。将他与患忧郁症的精神神经病患者进行比较，就能看到两者间的巨大差别。与那些由于甲亢而导致精神过于兴奋的人——这些人的性格造成的影响仅次于慢性中毒，我们可以说他们是喝了太多的甲状腺素——形成鲜明对照的，是那些完全属于另一不同范畴的人：他们的易兴奋、敏感急躁和忧郁状态完全是由其从前的精神经历所决定的。甲亢的个体虽然在行为上表现出类似之处，但他的活动却缺少性格和气质两个最根本的标志：计划性和目的性。

我们还必须在此讨论一下别的内分泌腺。各种内分泌腺的发展与睾丸和卵巢的发展之间的关系是特别重要的。我们的论点已经成了生物学研究的基本信条之一：内分泌腺反常的人一定也伴有性腺的反常。这种特殊的相关性，以及这两种异常的同时出现，其原因何在，还有待于我们的进一步探索。在这些内分泌腺有器质性缺陷的病例中，我们也同样能得出我们在另一些器质性缺陷中会得出的结论。性腺不足的人身上往往也具有其他的器官缺陷，他们因此很难适应生活，其结果必然是更多地依赖于精神把戏和防御机制来帮助自己适应。

一些热衷于内分泌腺研究的人引导我们相信性格与气质完

全取决于性腺的内分泌素。然而,睾丸与卵巢的分泌素出现严重反常的情形却是十分少见的。病理性变质(pathological degeneration)只是罕见的例外。与性腺功能的缺陷直接相关的特殊精神习性并不存在,这种缺陷极少是由性腺方面的特殊疾病引起的;对于内分泌学家所声称的性格取决于内分泌腺的分泌素一说,我们还没有找到任何有力可信的医学根据。人的生命活力必不可缺的某些刺激产生于性腺之中,并且这些刺激可能决定儿童在其环境中的地位,这是一个不可否认的事实。但是,这些刺激也可能产生于别的器官,而且也不一定就是某一特定的精神结构的基础。

对人做出估价是件艰难而微妙的事,其错误可能决定一个人的生死,因此我们必须在这里提出警告。具有先天性器官缺陷的儿童,往往极易受到借助特殊的精神把戏和计谋而获得补偿的诱惑。但这种形成特殊精神结构的诱惑是可以被克服的。不管在什么情况下,器官的缺陷都不可能强迫人形成某一特定的生活态度。器官的缺陷可能使他心灰意冷,但这是另一码事。与此相类似的观点之所以得以存在,只是因为从来没有人试图帮助具有器官缺陷的儿童排除其在精神的发展中所遇到的障碍。这些儿童有器官缺陷,有人却任其陷入错误的泥潭;这些儿童受到过研究和观察,但却没得到过帮助或激励!在个体心理学基础上发展起来的地位心理学或结构心理学(positional or contextual psychology)将因其在这方面给儿童的教益而证明了它的正确性,并将迫使现有的气质心理学或体质心理学甘拜下风。

6. 总　　结

在我们开始考虑单个的性格特征之前，让我们简要地回顾一下前面已经讨论过的要点。我们提出了这样一个重要的论点，即仅仅研究与整个心理结构(psychological context)和种种关系相脱离的孤立现象，是绝不可能对人性有所理解的。要实现这种理解，有必要对至少两种时间上相隔较长的现象进行比较，并把它们纳入一个统一的行为模式。这一特定的方法已被证明行之有效，能使我们广泛地搜集记忆，在经过系统的整理之后，将其总结成对某一性格的健全的评价。如果以孤立的现象为根据来进行判断，我们就会和其他的心理学家以及迂腐的教师一样，陷入重重困难之中，从而被迫使用已被证明无用的那些传统标准。然而，如果我们能够成功地获得若干的点，并用我们的体系作为杠杆对这些点施加影响，将其连接为一个统一的模式，这样我们就得到了一个线条清楚的系统，并能得出对人的清晰评价。只有在这种情况下，我们才算有了坚实的科学根据。对某一个体特别熟悉必然会在一定程度上改变或修正我们对他的判断。因此，在试图对教育做出某些修正之前，我们必须根据这个体系对即将接受教育的个体有清楚认识。

为了使这样一个体系能够成形，我们对各种方式方法都进行了讨论，并将我们自己的亲身体验和别人的感受作为实例来进行说明。此外，我们还坚持认为，我们所创立的这个体系绝不能缺少一个因素——社会因素。仅仅对个体的精神生活现象进行研究是不够的，还必须对这些现象与社会生活的关系进行研

究。我们社会生活中最重要的和最有价值的基本命题是：一个人的性格绝不是一种道德判断的基础，而是这个人对待其环境的态度以及他与他所处的社会的关系的索引(index)。

在对这些观点进行详尽阐述时，我们发现了人类的两种普遍现象：其一是将人与人维系在一起的普遍存在的社会感，这个社会感是人类文明所有伟大成就的奠基石。社会感是我们有效地衡量精神生活现象的独一无二的标准，它使我们得以确定任何个体可能拥有的社会感的总量。知道了某一个体对待社会的态度，知道了他表现人类同伴关系的方式，以及他使自己的生活变得硕果累累、富有活力的途径，我们就能得到一个关于他的灵魂的立体印象。此外，我们还发现了对性格进行评价的第二个标准：与社会感最敌对的力量是对个人权力和个人优势的追求倾向。有了这两种观点，我们就能懂得，人与人之间的关系不但受到一定程度的社会感的决定，还受到努力追求个人权力扩张的决定，而这两种倾向总处在相互的矛盾对立中。这个动态的游戏，这个力的平行四边形的外部表现形式，就是我们所谓的性格。

第 10 章

攻击型性格特征

在我们的文明中,有一样东西似乎拥有魔力,这就是钱。很多人相信,有钱能使鬼推磨。因此,不足为怪的是,他们的野心和虚荣心都完全被钱和财产这一个问题所占据。这样,他们的唯利是图就变得容易理解了。这在我们看来几乎是病理性的。这不过是虚荣的另一种形式罢了,它靠着物质财富的堆积来得到一种魔力的表象。

1. 虚荣和野心

一旦追求认同的努力占了上风,它就会使精神生活更加紧张。结果,获得权力和优越感的目标在这一个体身上变得日益明显,他开始快马加鞭朝向这个目标奔驰,而他的生活变成了一种对更大胜利的期待。这一个体失去了现实感,因为他失去了与生活的联系,总在专注于别人对他的看法,他所关注的主要是他留给别人的印象。他的行动自由因这种生活方式而受到极大的抑制,他最明显的性格特征变成了虚荣。

很可能每个人都有一定程度的虚荣心,但公开显示出自己的虚荣心并不被认为是聪明的做法。因此,虚荣心常被掩饰、伪装,而且形式多种多样。比如,谦虚就是其形式之一,而这种谦虚的本质就是虚荣。有一种人可能虚荣心强得从不考虑别人对他的判断;而另一种人则可能贪得无厌地寻求公众的赞许,并用它来获得自己的利益。

　　虚荣超过了一定的限度就变得极其危险。且不说虚荣使人去做许多毫无用处的工作（这些工作与努力只是关注于事物的表象而非其实质），且不说虚荣使人时刻只想着他自己或至多只想着别人对他的看法，我们只说它的最大危险在于，它或迟或早都会使人失去与现实的联系。他不再理解人类的关系，他与生活的关系也被歪曲了。他忘记了生活的职责，特别看不见本性要求每一个人所做的贡献。没有任何性格的瑕疵能像虚荣这样严重地阻碍一个人的自由发展，因为虚荣的人在面对每件事、每个人时总要问："我能从中得到什么？"

　　人们习惯于用更为动听的辞藻来让自己摆脱尴尬境地，他们用"远大志向"来替代虚荣或傲慢。有多少人曾骄傲地告诉我们他们是如何的志在千里啊！"精力充沛""积极向上"也是常被误用的两个概念。只要这种精力能证明于社会有益，我们就可以承认其价值；但是，通常的规则是，用"勤勉""活跃"和"进取"一类的辞藻来掩饰程度严重的虚荣。

　　虚荣很快就妨碍了个体在游戏中按规则行事。更常见的情形是，它使他成了个滋扰他人活动的人，因此，那些无法满足自己虚荣心的人就会费尽心思地去阻止别人尽情地展现生活。虚荣心正处于滋长阶段的儿童会在危险处境中表现出他们的勇敢，并且喜欢向较柔弱的儿童表明他们是多么强大有力。一个典型的例子就是对动物的残虐。已经在一定程度上心灰意懒的儿童可能用各种不可思议的小伎俩来满足其虚荣心。他们会避开生活的主战场，而在某个小角落里没有顾忌地扮演主角，努力满足对显要的追求。那些牢骚满腹、说生活太悲苦、命运待他们

太不公的人就属此范畴。他们会告诉我们,如果不是他们受的教育不好,如果不是他们遭遇的不幸,他们一定会成为今天的领袖人物。他们总在为自己未奔向生活的真正火线找借口,他们的虚荣心只有在他们为自己创造的梦想中才能得到满足。

一般人会发现这类人很令人头疼,因为他不知道如何评价他们。虚荣的人总知道在犯了错误时如何将责任推到别人的身上。他总是对的,别人总是错的。然而在生活中谁对谁错无关紧要,因为重要的只是个人目标的实现以及对他人生活的贡献。虚荣的人想的不是要做这种贡献,他全部心思都用在了怨天尤人和自我开脱上。在此我们所看到的是人类灵魂的各种把戏。这种个体不惜任何代价企图维持其优越感,使其虚荣心免受任何损害。

常常有人提出这样的异议,说没有志在千里的抱负,人类的这些伟大是不可能实现的。这是一个在错误前提下得出的错误结论。既然没人能完全摆脱虚荣心,那么每个人都有着一定的虚荣。当然,决定人的活动方向的并不是虚荣,虚荣也不可能给人完成伟大成就的力量!这些成就只可能在社会感的刺激下完成。天才作品只有通过其社会意义才具有价值。在作品创造过程中,虚荣的存在只可能减损其价值,影响其完成;在真正的天才作品中,虚荣的影响是微不足道的。

然而在我们时代的社会气氛下,我们不可能一尘不染,全无虚荣之心。对这一事实的认识本身就是个莫大的财富。这一认识触及了我们文明的痛处,正因为如此,许多人才陷入了永久的不幸,陷入了无所不在的灾难与困境。爱虚荣的人不能与任何人友好相处,也无法使自己适应生活,因为他们全部的目的就是要打肿脸充胖子。难怪乎他们很容易陷入冲突,因为他们关心的只是自己在人群中的名声。在人所经历的最复杂的纠葛中,我们将发现,最根本的障碍是虚荣心无法得到满足。在我们努力要了解一个复杂的人格时,这是我们所拥有的一个重要技巧,它能帮助我们决定其虚荣的程度、活动方向和用来帮助其达到目的的手段。这种认识向我们表明了,不健康的虚荣心会给社会感带来多大的危害。虚荣和对同伴的同情、体谅是不可能和平共处的。这两种性格特征之所以不能结合在一起,是因为虚荣绝不会让自己屈从于社会的原则。

虚荣决定着它自己的命运。虚荣的发展不断受到社会生活中的异议的威胁。社会生活是不可战胜的绝对原则。因此,虚荣被迫在其萌发阶段就隐藏起来,并通过乔装打扮,迂回曲折地去实现其目的。爱虚荣的人常受着怀疑的折磨,他怀疑自己能否达到虚荣的要求而克敌制胜;而当他在那里思前想后的时候,光阴已飞逝而过。当时光流逝殆尽时,他又为自己找出借口,说他从来就没得到一个展示才华的机会。

在一般情况下,事情发生的先后顺序是这样的:这个特定的个体找到一个特权位置,使自己远远避开生活的主流,然后怀着某种不信任冷眼旁观其他所有人的活动。而正是由于这种不信任,每个同伴似乎都是他的敌人,爱虚荣的人必须决定是取攻势还是取守势。他常常陷入深深的疑惑,在似乎有逻辑性的重要思考上纠缠不清。这种逻辑性给他造成了一种自己是正确的假象,但在思索的过程中他错过了主要的机会,并失去了与生活和社会的联系,放弃了每个人都必须完成的工作。

更加仔细的观察会使我们看到一个虚荣的背景,一种要征

服每件事、每个人的愿望,这种愿望会以上千种形式表现出来。这种虚荣心表现在他们的每一种态度、他们的穿着打扮、他们的说话方式以及与人接触的方式中。简言之,我们举目所望,都能看到这种景象——虚荣、有野心的个体在取得优势的方法上毫无选择的余地。既然这类外部表现会令人不悦,如果爱虚荣的人足够聪明通达,能意识到他们与被其否定的社会间的距离,他们就会竭尽全能地将其虚荣的外表粉饰起来。这样,我们就会发现他们显得虚怀若谷,有时,他们干脆置其外表而不顾,以表示他们毫无虚荣之心!有这么一个故事,说的是苏格拉底看见有一个人登上讲坛,身穿又旧又破的衣服,于是苏格拉底对他说:"年轻的雅典人,你的虚荣心从你烂袍子的每个破洞里往外在探头呢!"

有的人对自己的不虚荣坚信不疑。其实他们知道虚荣的根源在内心深处,可他们就是只从外表上看。爱虚荣还可能以这种方式表现出来:爱虚荣的人在其社会圈子中总想要占据整个舞台,搞一言堂,或根据自己保持舞台中心的能力来评断社交聚会的好坏。这类人中还有一些人从不参加社交活动,而且尽其可能地避免与人交往。这种对社会的逃避可能表现在诸多方面,婉拒邀请,姗姗来迟,或要主人百般劝诱、极尽奉承后才去,这些都是他们的小把戏。还有一些人只在特定的条件下才进入社交,靠着他们的"与众不同"来表现其虚荣。他们自豪地将这视为一个值得赞美的特征。还有的人希望出席所有的社交聚会,以此来表现其虚荣。

我们不能觉得这是些不值一提的细节,因为它们在人的灵魂中根深蒂固。实际上,具有上述特质的人没有给其人格中的社会感留下多少余地,他更容易成为社会的破坏者,而不是朋友。要描述出这类人的各方面特征,需要有文学家的文笔才能办到,而我们在此只能描绘一个大致轮廓。

我们在所有虚荣者身上发现的动机表明,虚荣的人在生活中为自己确立了一个不可能实现的目标,那就是,他要超过世界上所有的人,而这个目标来自于他的不足感和欠缺感。我们可以猜想,任何有着明显虚荣的人的自我价值感都很弱。也许有一些个体已意识到自己的虚荣来源于明显的无力感。但仅仅有这种意识还无济于事,除非他们能卓有成效地使自己的这一认识转变为行动。

虚荣在很早就开始显现了。通常虚荣都带有一定的稚气的色彩,因此,爱虚荣的人给我们留下的印象总有些幼稚可笑。可以决定虚荣发展的情势是多种多样的。儿童在某种情况下可能觉得自己受到了忽视,因为由于缺乏教育,他深感自己的渺小在压迫着他,令人难以忍受。另一些儿童由于家庭传统而形成了某种傲慢态度。我们可以确信,他们的父母也具有这种"贵族式"的举止态度,以使自己有别于他人,并为此而感到骄傲。

但是,掩藏在这个态度之下的,却只是要使自己显得特别与众不同的欲望。自己之所以有别于其他所有人,是因为自己出生于比其他所有人都"更好"的家庭,而这家庭有着"更好""更高"的情感方式;而且这个家庭的高贵血统使自己相信命中注定应在生活中享有某些特权。对这类特权的要求,也能成为生活的一个既定的方向,并决定一种行为类型和其表现形式。但既然生活很少朝着有利于这类人的方向发展,这些希望获得特权的人自然会受到人们的攻击或奚落。于是,他们中的很多人便

怯生生地撤退,过着隐居的生活,或成了一个行为怪诞的人。在家里他们不需要对任何人负责,所以只要他们待在家中,就能维持其陶醉状态,并靠着深信"如果情况不是像现在这样,他们是一定能够成就大业的"来强化其现有的态度。

有些精明能干的重要人物就属于这一类,如果在天平上量量他们的才能,他们还算得上有价值,但是他们的能力被误用在不断的自我陶醉上了。他们提出的与社会积极合作的条件很难得到满足。比如,他们可能在时间上提出无法实现的条件。他们会指出,他们已经做过许多事情,学过许多东西,而别人则不曾做过这些事情,不曾学过这些东西。他们的条件不可能得到满足,也因为一些不是理由的理由。比如,他们会坚持说,如果男人是真正的男人,如果女人不是过去那个样,就能皆大欢喜,一切如愿。然而,即使有着最好的用心,这些条件也是不能实现的!因此,我们必须得出这样的结论:这些只是懒惰者们的借口,同催眠性或陶醉性的毒品并无两样,他们无须考虑浪费掉的时光。

这些人身上怀有极大的敌意,而且他们从不把他人的痛苦和悲伤放在心上。就是靠着这种方法,他们才获得了成就感。拉罗什富科①对人性了如指掌,他对大众有过如此的描述:"他们能够轻而易举地忍受他人的痛苦。"对社会的敌意常表现为一种尖锐的批评态度。这些社会的敌人永远都在那里指责、批评、嘲笑、判断和谴责世界。他们不满于一切。但是,仅仅分辨出不好的东西并予以谴责是不够的!我们必须扪心自问:"为使之

---

① 法国古典作家。——译者注

变得好起来,我做了些什么呢?"

有虚荣性格的人靠着某种把戏来抬高自己贬低别人。他们往往用自己恶毒刻薄的批评来损害他人的性格。这些人往往技高一筹,这不足为怪,因为他们在此方面是训练有素。我们从他们中间不难找到那种机智聪敏、口若悬河、妙语连珠的佼佼者。但机智聪敏也和其他一切东西一样能够带来危害,就像这帮口若悬河、专事讥讽的人正在用它来危害社会一样。

这种专事讥讽、乐此不疲的人所具有的这种毁谤风格,乃是他们屡见不鲜的性格特征。我们将此称为毁谤情结。它实际上表明了虚荣者的攻击点究竟是什么,那就是他同伴的价值。毁谤倾向企图通过贬低其同伴而使自己获得一种优越感。对他人价值的承认,无异于是对虚荣者人格的侮辱。仅从这一事实出发,我们就可以得出意义深远的结论,明白在虚荣者的人格中,虚弱感和无能感是多么的根深蒂固。

既然我们都无法彻底摆脱这一恶习,我们便可以很好地利用本讨论,来为我们确立一个标准。即使我们不能在短时间内连根拔除这深深植入我们心中的千年传统,但只要我们不让这些有害、危险的偏见蒙蔽我们的双眼,迷惑我们的心智,我们就已经朝前迈进了一大步了。我们的愿望不是要与众不同,我们也不寻求与众不同的人。但是我们感到,自然的法则要求我们伸出双手,加入我们的同伴,与他们合作。在我们这个对合作提出如此高要求的时代,再也没有位置留给为个人虚荣而做斗争了。正是在我们这样一个时代,对待生活的虚荣态度所引出的矛盾明显可见和愚不可耐,因为我们日复一日地看到,虚荣怎样地导向失败,怎样地使人被社会所唾弃或使人不得不接受社会

的同情。没有任何时候虚荣能像今天这样受到唾弃。我们至少可以寻找一种更好的方式来表现虚荣,这样,即使我们执意要虚荣,也至少可以朝着有利于公共福利的方向来表现它!

下面的例子可以极好地说明虚荣的原动力。有一位少妇,是家里姐妹中最小的一个,从小就极受娇惯溺爱。她母亲不分白天黑夜地侍立左右,听她差遣,满足她的所有愿望。她是家中最小的孩子,体质虚弱。由于母亲的担忧挂念,她的欲望达到了永远无法满足的地步。有一天,她发现她母亲只要一生病,就可以为所欲为地凌驾于他人之上。这样,没过多久,女儿便懂得了,疾病也可以成为一件很有价值的法宝。

她很快就容忍了正常的健康人对疾病的厌恶,身体的不适对她不再是一件令人不快的事情。不久,她在得病方面悟出了门道,只要她想得病就能得病,特别是在她意欲得到某一特别的东西时。不幸的是,她经常意欲得到特别的东西,结果,她变得大病不犯,小病不断。这种"获病情结"常表现在儿童及成人身上,他们感觉自己的权力在增长,感觉疾病使他们成了全家的关注中心,而由于疾病,他们可以趁机对家人行使无限度的权威。对于娇小脆弱的个体来说,靠这种方法得到权力具有极大的可能性。当然,依靠这种方式获得权力的也正是这类个体,因为他们已经尝到了甜头,他们的亲人对他们的健康表现出了极大的关注。

在这种情况下,个体可能会靠某些辅助性的把戏来达到他的目的。比如,开始故意吃很少的东西,于是便显得身体不适,家人就会尽心尽意地为他弄些好吃的,而且很快!在此过程中,想要别人尽心侍奉的欲念便产生了。这些人无法忍受孤独。靠着生病或身处险境,他得到了爱护和关照。看来只需要使自己仿佛置身险境或身患疾病,这一切便能轻易到手。

我们把这种设身处地想象一件事或一种情景的能力叫作移情作用。移情作用的表现在我们的梦中得到了很好的说明。我们有时会感觉某一特定的事件仿佛在梦中发生过。一旦"疾病情结"的受害者掌握了这种获得权力的方法,他们轻而易举就能成功地靠想象制造出像生病一样的身体不适来。他们干得如此漂亮,我们绝对想不到那是一个谎言,是对事实的歪曲,是一种想象的产物。我们知道,设身处地地想象某一情景,会得出仿佛置身那一情景同样的效果。这些个体会当真呕吐,或当真地产生焦虑感,仿佛他们的确感到恶心或的确身处险境。通常,只有他们制造这些病症的方法能够泄露天机。比如,我们谈到的那位少妇就曾说过,她有时候有一种恐惧,"仿佛我随时都会中风似的"。有的人能够异常清楚地想象一件事,以致他们当真因此而失去平衡,失去了常态,以致这时谁都无法说他们只是在胡思乱想或是在装模作样。我们的生病专家只需要给自己周围的人造成自己正在生病或至少是患了所谓的"神经症"的印象,他就能成功地达到自己的目的。此后,他周围所有的人便不得不待在"病人"身旁,照顾他,关心他,为他的健康操心。一个人的疾病对每个正常人的社会感都是一种挑战。上述的那种人不正当地利用了这一事实来获得自己的权力感。

显然,这是完全违反社会生活法则的,因为社会生活法则要求对自己的邻人给以充分的关注。我们将发现这样一个规律,即上述这些人完全无法理解其同伴的痛苦或欢乐。我们很难让他们不去伤害其邻人的权力,更不可能使他们有兴趣去帮助其

同伴。有时,由于他们付出了极大的努力,调动了他们在教育和文化上的全部储备,他们也有可能在生活中获得成功;但在更多的时候,他们仅仅努力在表面上关心其同伴的幸福,而从本质上讲,构成其行为基础的仅仅是自恋和虚荣而已。

这当然也正符合我们所描述的这位少妇的情形。她对其亲人的担心挂念从表面上看达到了极端的地步。如果她母亲晚了半小时仍未将她的早饭端到她床前来,她就会为她母亲担心焦虑。这时她就会把丈夫叫醒,逼他去查看一下她母亲是不是出了什么事,直到确信没有出什么事她才会感到满意。于是逐渐地,她母亲习惯了准时给她送去早饭。她对她丈夫也是如此。她丈夫是个商人,商业应酬比较多,但每次他晚回家几分钟,就会发现他妻子急得浑身颤抖,大汗淋漓,几乎处于神经崩溃的边缘。她苦不堪言地抱怨,说她害怕,恐惧得不得了。她可怜的丈夫也只好学她母亲的样,强迫自己准时回家。

许多人可能会提出异议,说这个女人实际上并未得到多大好处,而且这些也算不上什么巨大的胜利。请记住,我们只是讲了一部分。她的疾病是一个危险信号,仿佛在说:"小心!"这是她生活中所有其他关系的一个索引。她用这个简单的方法使她环境中所有的人都接受训练,使他们明白,必须服从于她的意志。她的虚荣心的满足在她操纵所有人的无止境的欲望的满足中扮演了一个重要的角色。想象一下吧,这类人为达到其目的做出了多大的努力!一旦我们意识到她为此付出了极大的代价,我们便只能做出这样的推断:她的这种态度和行为已成为她生活中必不可少的需要。除非她的话得到无条件的、准时的服从,否则她就无法安宁地生活。但是,婚姻包括的不仅仅是要丈夫准时无误。这女人用她的命令式行为确定下了无数其他的关系，因为她懂得如何用焦虑状态来加强她的命令的分量。她表面上很关心他人的幸福，可是每个人都必须无条件地服从她的意志。我们只能得出一个结论，她对他人的担心焦虑只是满足其虚荣心的一个工具。

这种性质的精神态度有时会发展到相当的程度，以至于意志的实现变得比得到想要的东西更重要。一个6岁小姑娘的病例就是如此。这小姑娘的私心无止境地膨胀，以致她唯一关心的就是如何实现她无意间产生的任何一个怪念头。她的行为中全部渗透着要表现权力、征服同伴的欲望。这个征服通常就是她活动的结果。她母亲很想和女儿保持良好的关系，有一次她弄了点她女儿最喜欢吃的点心，为了让她女儿大吃一惊，她将点心给女儿送去，说："我给你带来这点心，因为我知道你太喜欢吃这个了！"这小姑娘一把将盘子打到地上，一边将蛋糕踩烂，一边嚷道："但我不要这个，因为是你给我的，只有我想要的时候我才要！"另一次，母亲问小女儿吃午饭时是要咖啡，还是要牛奶。小女儿站在门口，非常清楚地小声嘀咕："如果她说咖啡，我就要喝牛奶；如果她说牛奶，我就要喝咖啡！"

这是个心口如一的孩子，心中想到什么，嘴上就讲出什么。但还有一些同属一类的儿童并不那么清楚地表达出他们心里的想法。也许每个儿童都在一定程度上具有这种特征，而且总是竭尽全力要实现其意志，哪怕并没有什么东西可争取，哪怕这种我行我素的做法会使他们遭遇痛苦或不幸。一般说来，这些儿童大多数是那些受到姑息纵容、惯于我行我素的儿童。在当今世界里，他们也不难找到这种我行我素的机会。其结果是，我们

经常发现：成人中想要为所欲为、独行其是的人远多于想要帮助其同伴的人。有些人的虚荣心发展到了极端，他们不愿做别人建议他们做的任何事，即使这是世界上最明白不过、最理所当然，而且确实与他们的幸福关系重大的事情，他们也不去做。这些人等不及别人把话讲完，就要插嘴提出异议或反对意见。还有一些人，其意志受着虚荣的驱策，发展到极端，每当他们本来想说"是"，其结果都会改说"不"。

随时都随心所欲只有在自己的家庭圈子里才有可能，而且都不一定总能如愿。诚然，与陌生人交往时显得和蔼有礼的人常可看见，但这种和蔼有礼的状态却不容易维持长久。既然生活就是如此，人们不可避免地常会碰面，我们常可发现某个人博得了所有人的欢心。但一经赢得好感，便将他们抛在一边。有些人则画地为牢，将自己的活动限定在家庭圈子之内，从不越雷池一步。我们的那个病人就是这样一个人。由于她性格有魅力，她在家庭圈子以外是一个讨人喜欢的人，人见人爱，但每次出门，她都早早地回家。这种回家的愿望表现在一连串的小把戏上。如果是参加晚会，她就会头疼，因而不得不赶快回家。这是由于在任何社交聚会上，她都无法维持她在家里的那种绝对权威感。由于这女人只有置身于家庭生活的中心，才能解决她生活中的主要问题，即满足其虚荣心的问题，因此，必要的时候她会找好回家的理由。她发展到了这种程度，即每次与陌生人接触，都会产生忧虑感。不久，她连剧院也不能去了。最后，她不能上街了，因为在这些地方她不能感觉到整个世界都屈从于她的意志之下。她所追求的目标，在家庭之外，特别在大街上是根本找不到的。因此她宣布她讨厌上街，除非有她"宫廷"中的人作陪。她最喜爱的理想情形是：被那些为她操心、为她幸福忙碌的人所包围。研究证明，她从很小开始就形成了这一模式。

她是最小的、最弱的、最多病的，因而必须得到比别人更多的娇宠和照料。她极愿意做一个受人娇惯的孩子，而且会在她一生中都不惜任何代价维持这个局面，只可惜她的这种行为与无情的生活状况本身发生了尖锐的矛盾。她的不安和忧虑状态是非常明显的，谁也不会有所怀疑，但这一状态说明她在解决她的虚荣心时引发了后遗症。这个解决办法之所以不合时宜，是因为她不愿意使自己屈从于社会生活的条件。于是到了最后，她在解决这个问题方面的无能为力使她痛苦不堪，所以只好求助医生。

现在，有必要揭开她生活中的所有面具和伪装了，这是她多年苦心经营用来掩盖、保护自己的。虽然表面上她来找医生帮忙，但本质上并不打算有所改变，因此她总是负隅顽抗。她真正的目的，是不付出高昂的代价（在大街上使她备受折磨的焦虑状态），而继续如从前一样地支配家人。但是，有好处就必然会有坏处！医生告诉她，她完全受到自己那种无意识行为的主宰，但她却只想从中得到好处并竭力避免其坏处。

这个例子非常清楚地表明，虚荣心发展到了相当的程度就会成为人一生都难以摆脱的负担，妨碍他的全面发展，并最终导致他的崩溃。只要病人的注意力仍集中在其好处上，他就不可能懂得这些事情。正因为此，许多人坚信他们的远大志向——其更妥当的叫法应是虚荣——是一个很有价值的性格特征，其实是因为他们不懂得，这个性格特征总给人带来不满、不安和失眠。

　　为了证明我们的命题,让我们再举一个例子。有一个 25 岁的年轻人,临近期末考试了,可他并未做准备,因为他对这个科目突然完全失去了兴趣。他心境恶劣,无法自拔,对自己的价值失去了信心,在这种痛苦想法的日夜折磨下,最后他无法参加考试。他孩提时代的回忆,全是关于对他父母的强烈厌恶,他们对他的发展的缺乏理解妨碍了他的成长。除去对自己的价值失去信心之外,他还认为,所有人都是毫无价值的,他对他们也不感兴趣,这样他为自己的与世隔绝找到了借口。

　　虚荣心逼使他不断地为自己寻找借口、托词,避开所有对他能力的测验。现在,期末考试临近,对自己的缺乏信心压得他难以喘息,欲望的缺乏也使他备受折磨。他犹如惊弓之鸟,一想到考试,就恐慌不已,终于无法参加考试。这对他极其重要,因为这样一来,他若没能考试,他的"人格感"以及他的自我价值感还可得到保全。他总把这个"救命符"挂在身上!有了这救命符,他就能安然无恙。他靠这样的想法来安慰自己:他之所以一事无成,全是由于疾病和不幸的命运。在这种避免使自己面对并接受考验的态度中,我们看到的是另一种形式的虚荣,它使个体在对他的能力的考验迫在眉睫时得以闪身避开。此时,他想到的是失败会使他失去荣耀,并已开始怀疑自己的能力,他已明白了所有不敢相信自己有做决定的能力的人的秘密。

　　我们的病人就属这一类,他对自己的描述表明他实际上正是他们中的一员。每当必须做出决定时,他都犹豫不决,意志衰减。由于我们重点研究行为的模式,他的这种姿态便向我们表明,他想要停下来,想要来个紧急刹车。

他是家中的长子，而且是唯一的儿子，他有四个妹妹，但只有他能去上大学。他是家里的重点保护对象，大家都希望他能鹏程万里。他父亲一有机会就设法刺激他的雄心壮志，不厌其烦地给他描述他将要成就的大业。因此他有要超过世界上所有人的强烈愿望，而这就成了他无时不在的目标。现在，他心中充满疑惑和焦虑，不知道他能否实际完成人们期待于他的一切。虚荣及时赶到援救了他，并指明了退避三舍之路。

　　这就向我们表明，在雄心勃勃的虚荣的发展过程中，阻碍继续前进的骰子是怎样掷下的。虚荣与社会感扭作一团，难解难分，无法脱身。虽然如此，我们可以看到，虚荣在孩提时代刚开始时常常甩开社会感，跳出圈外，并努力想要和社会感井水不犯河水，各行其道。这使我们想起这样一些人，他们依照自己的思路去想象一座陌生城市的轮廓，并想象自己在这城里穿街过巷，四处漫游，寻找着想象中的楼房建筑，但实际上他们从未找到过他们所寻求的城市！他们自然是将责任归咎于恶劣的现实。这就是自私、虚荣者的大致命运。他想通过权力或诡计或背信弃义在他与同伴的所有关系中实现他的原则。他警觉地等待机会，要证明别人都错了。当他成功地证明，至少是向他自己证明，他比其同伴更聪明、更优秀时，他便心花怒放。但他的同伴对此毫不理睬，他们接受了挑战，要和他较量一番。战斗由失败转向胜利，当枪炮声沉寂下来时，我们爱虚荣的朋友对自己的正确性和优越性更是坚信不疑了。

　　这是些廉价的把戏，谁都可以想象到自己希望相信什么。事情完全可能这样发展，我们的病人就是如此，一个本应该去用功学习，本应该到书本中去汲取智慧的营养，本应该去参加考试

使自己真正的价值得以实现的人,却由于自己的错误观点而意识到自己的不足和无能。他过高地估计了形势,结果认为他一生的全部幸福、全部的成功都在此一赌了。他必然会进入一种紧张状态,紧张到难以忍受的地步。

其他所有的关系在他眼中都显得无比重要,每一次讲话,甚至每一句话都以他的成功或失败为标准来进行评价。这旷日持久的战斗终将会让那些把虚荣、远大志向和无望的希望当作其生活中的行为模式的人陷入新的困境之中,使他失去生活中所有真正的幸福。只有当具备种种生活的条件时,他才可能得到幸福;而一旦这些不可缺少的条件没有具备,通向幸福和欢乐的道路便全被阻塞了,他便失去了他人可能享有的幸福和满足。此时,他最多只能梦想他对别人的优越和支配,尽管他事实上已意识到这绝不可能实现。

如果他真的拥有了这种优越,便会有无数的人蜂拥而来,要和他竞争较量一番。这是没有办法的事情,因为没有人会承认别人的优越。但现在,这可怜人所剩下的只有他对自己那种神秘莫测的判断了。一个人如果陷入这种生活模式,他与同伴发生接触本来就已经十分困难,要想获得真正的成功就更没有可能了。在这场角逐中,没有人能够取胜!参加竞争的人永远只能面对打击和毁灭。他们肩上的担子是多么沉重啊!因为他们不得不随时随地显出高人一等的样子!

如果一个人尽心尽力地为他人服务,得到有口皆碑的赞赏,这又是另一回事。他的荣誉是不邀自来,而如果有人要攻击他的名誉,这样的攻击也是轻若鸿毛,他尽可淡淡挥去,而其荣誉可以毫不为之所损,因为他并没为虚荣投入任何赌注。所以关键是自私的态度，是不断想抬高自己人格的企图。虚荣角色总在期待着什么，意欲得到什么。与之相反，一个社会感发展良好的人在生活的漫漫长路上总在自问："我能付出些什么？"这两种人在性格上和价值上有着天壤之别。

于是，我们得出了一个千百年来为人们所认同的观点，即《圣经》中那一名句："给予的人将比接受的人得到更多的祝福。"这句话表达了人性的美好体验，我们如果仔细品味其含义，就会认识到，这里所强调的正是给予的态度。正是这种给予、服务或帮助的态度将给我们带来一种补偿和精神和谐，就像给予的人会在内心最深处得到上帝的赐予一样！

另一方面，一心索取的人总是这也不满足，那也不如意，因为他们一心只想着还能再得到什么，还能再拥有什么，才能够幸福。一心索取的人从不把心思放在别人的需要和要求上，而且对他们来说，旁人的不幸就是他们的快乐，在他们的思想中没有与生活和谐一致、和平共处这个原则。他们要求别人毫无例外地屈服于他们的私利所制定的法则。他们贪得无厌，做了国王还想再进天堂。他们的思维方法和感受方法都有别于他人。简而言之，他们的得寸进尺和取之无度与他们所具有的一切性格特征一样都令人深恶痛绝。

还有一种更加原始的虚荣，这些人喜欢穿得花哨刺眼，或者带着某种自以为是的感觉把自己打扮得像个大花猴，以给人一种艳丽夺目的感觉，就像原始部落中荣耀无比的首领在头发上插一支特别长的羽毛来显示自己的光彩一样。有一些人最大的满足就是跟上最新的时髦，穿上华贵漂亮的衣服，这些人身上的各种服饰装扮就像好战者的徽章或武器一样，其真正的目的是

要把敌人吓跑。有时候,这种虚荣表现在情色装饰或文身上,这些在我们看来都是轻浮浅薄的行为。在此情况下我们感到,此人是努力想哗众取宠,卖弄一番,可这样做只有以厚颜无耻为代价。恬不知耻的行为能给一些人某种伟大感和优势感,而另一些人则从铁石心肠、野蛮残酷、冥顽不化或与众隔离中得到这种感觉。实际上,这些人可能还不一定就是粗暴凶狠,因为他们更接近于柔弱,他们那种残忍只是一种装腔作势。特别是在男孩身上,表面上看是缺乏同情心,而实际上是对社会感的一种敌对态度。被这种虚荣所驱使的个体总想从别人的痛苦中获得自己虚荣心的养料,如果别人恳求他给以同情,他就会觉得受了侮辱。这种恳求只能使他更加铁石心肠。我们曾看见过一些父母在责怪孩子时告诉孩子他使他们感到痛苦,而孩子反而从父母痛苦的表白中得到了一种优越感。

如前所述,虚荣喜欢将自己掩饰起来。爱虚荣而且想操纵他人的人必须先将对方抓住才能把对方置于自己的控制之下。因此,我们不能让自己被他可能表现出来的和蔼可亲、缱绻情意以及乐于接近的外表所蒙蔽,因为他实际上是一个好战、富有侵略性而渴望征服的人,他只想要维持他个人的优势。在这场战斗的第一阶段,他必须使自己的对手感到放心、受到欺骗和放松警惕。在第一阶段也就是友好靠拢的阶段,人们很容易相信,这个侵略型的人具有很强的社会感;幸而第二阶段揭开了他的面纱,也让我们看到了自己的错误。这些人令我们深感失望。我们起初以为他们拥有两个灵魂,而实际上他们只有一个灵魂,就是那个起初和蔼可亲而后来则给我们带来痛苦的灵魂。

赢得他人欢心的技巧发展到极端就是所谓的"抓灵魂"

(soul catching)游戏。玩游戏的人显而易见是投入了全部的心神,以此来保证大获全胜。这些人巧舌如簧地侈谈以仁爱之心待人,也似乎在其行动上表现出对其同伴的爱意。但他们的行为太具表现性和夸张性,所以真正懂得灵魂的人一看就知道应着意留神了。有一位意大利犯罪心理学家曾说过:"当一个人的理想态度超越了一定程度时,当他的善行和仁爱之心显得太过刺眼时,我们就完全有理由表示怀疑了。"当然,我们必须在说这话时有所保留,不过我们也可以很肯定地说,我们的观点是正当有力的。通常,这类人很好识别。溜须拍马是谁都讨厌的,它很快就会使你感觉不快,我们必须警惕提防使用这种奉承方法的人。我们应该对这种野心勃勃者的方法予以禁止,最好让他们选择一种更好、更温和的技巧。

在本书的第一部分(上篇),我们已经了解了使人偏离正常精神发展之轨道的那些情形。从教育的观点讲,困难就在于我们所面对的是一些对其环境持好战态度的儿童。即使老师知道基于生活逻辑之上的职责,他也无法把这逻辑强加在儿童身上。唯一可行的方法似乎是尽可能地避免任何好战的境况,不是把儿童当作教育的对象,而是当作主体,仿佛他是与教师站在同一水平线上的一个成人。这样,孩子就不至于轻易地得出错误的看法,认为自己处于压力之下或受到了忽视,这样他才能够迎接教师提出的挑战。我们文明的错误野心决定着我们的思想、我们的行动和我们的性格特征。这种野心从上述战斗姿态中自动地发展出来,先是由于越来越纠缠不清的种种关系而导致人格的失败,最后导致个体的彻底崩溃瓦解。

我们从童话故事中学到过许多关于人性的知识,而童话故

事中有许多能向我们表明虚荣之危险性的例子。现在让我们来看一个童话故事,它以特别有力的笔触入木三分地向我们表明,虚荣肆无忌惮发展终将自动导致人格的毁灭。这就是安徒生的童话故事《醋罐》。故事是这样的:一个渔夫捉到一条鱼,他向鱼保证一定将它放还大海,但作为答谢,那条鱼必须满足他一个愿望。鱼让他的愿望得到了满足。然而,贪得无厌的渔夫的老婆要渔夫再去找那条鱼,因为他提的那个愿望太小,她想要成为一个公爵夫人。鱼又满足了她的愿望。可她欲壑难填,她要成为一个女皇。鱼还是满足了她的愿望。她还要成为神仙!就这样,她丈夫一次接一次地跑去找那条鱼,可他提出的最后这个愿望使鱼十分生气,于是鱼永远地离开了这个渔夫,结果渔夫的家依然是破旧的茅草棚。

　　虚荣和野心的发展是没有限度的。有趣的是,在童话故事和那些过分热衷于追求虚荣的人中,对权力的追求往往表现为一种理想化的愿望:充当上帝!我们无须过多探究就会发现,虚荣者的一举一动就仿佛自己真是上帝一样(当然是在最极端的情况下),或是做出一副他就是上帝的副官的样子,还有一些人则表达出只有上帝才能实现的希望和愿望。这种表达方式,这种想要像上帝一样的强烈欲望是其行动中无处不在的那种倾向的极端表现,它证明了他想超越其人格的所有界限。

　　这种倾向的痕迹在我们的时代随处可见。比如,为数不少的人对招魂术、心灵研究和传心术一类的活动深感兴趣,急不可待地想要超越常人的边界,一心想要拥有常人所不具有的权力,想要超越时空,与鬼神和死人的魂灵交往。

　　如果我们进一步研究就会发现,许多人都有在上帝周围谋一席位的倾向，而且到现在都还有一些以获得神性为其理想的教育。在过去，这是所有宗教教育的有意识的理想。对这种教育的后果我们深感恐怖。今天我们理所当然地应该找到一个更富理性的理想。但是，这种倾向在人类的心目中已达到了盘根错节的地步。除去心理的原因以外，许多人关于人的概念首先是源自《圣经》，因为《圣经》上说，上帝依照他自己的形象创造了人。我们可以想象，这样一个概念在儿童心中会有多么重要的意义和多么危险的后果。诚然，《圣经》是一部伟大的杰作，我们每重读一遍都会惊叹其内容深邃，见解精湛，特别是在我们的判断力已经成熟之后更是如此，但我们最好还是不要用它来教育孩子，至少是不能不加任何解释地叫孩子去读《圣经》，这样他们能够立足于现实人生，而不致产生"既然我是依照上帝的形象创造的，那我就应具有一切神力"的虚幻想法，并因而要求所有人都成为他的奴隶！

神话故事中的乌托邦理想同渴望像上帝一样的想法紧密相关。在乌托邦中，所有的梦想都能够变成现实。诚然，儿童很少会指望这些神话故事中的一切成为现实。但如果我们注意到儿童对魔术所具有的极大兴趣，我们就不会怀疑：他们很容易因此受到诱惑，很容易坠入这类幻想之中而难以自拔。在一些人身上，魔法的观念以及对别人具有神奇影响的愿望达到了相当强烈的程度，甚至到老都不会消失。

在某种意义上讲，也许没有人能完全摆脱这样一种想法，即在迷信中感觉到女人对男人有一种魔力。我们可以看到许多这样的男人，他们的行动表明他们总认为自己受着性伴侣魔力般的支配。这种迷信使我们回到人们远比今天更加坚信这种信念

的时代。在那些日子里，女人可以被人随便找个借口就说成是女巫或术士。这种偏见曾噩梦般地席卷全欧洲，并在一定程度上决定了欧洲几十年的历史。人们只要想到数百万的女人已成为这种幻想的牺牲品，就不会仅仅轻描淡写地把这说成是一个没有危害的错误，而一定会把这种迷信的影响与宗教法庭或世界大战相提并论。

通过滥用宗教来使虚荣心得到满足这一现象也可体现在追求效仿上帝的过程中。比如，一个在精神上受到挫折的人很可能会远远地避开人群，深居陋室，终日与上帝交谈。这种交谈对他无比重要。他会认为他与上帝靠得很近，而且这个上帝会因崇拜者的虔诚祈祷以及正统的仪式而义不容辞地亲自过问他的幸福与安宁。这种宗教欺骗通常与真正的宗教差之万里，而且在我们看来是纯病理性的。曾有一个男人这样告诉我们，如果他不做祈祷，他就无法入睡，因为他如果没把祈祷传向天国，地上某个地方的某个人就会遭遇不幸。为了了解这毫不足取的理由的形成过程，很有必要对这番话进行反面的推理，于是得出："如果我做了祈祷，他就不会受到伤害。"这些就是很容易使人得到魔力般的优越感的方法。靠着这种小把戏，一个人确实可能在某一特定的时间给另一个人的生活带来不幸。在这些笃信宗教的人的白日梦中，我们可以发现类似的超越人的范围的活动。在这些空想中，我们可以看到空洞徒劳的姿态、勇敢无畏的行为，可这些实际上都丝毫无助于改变事物的本质，只能在空想者的想象中起到妨碍他与现实发生接触的作用。

在我们的文明中，有一样东西似乎拥有魔力，这就是钱。很多人相信，有钱能使鬼推磨。因此，不足为怪的是，他们的野心和虚荣心都完全被钱和财产这一个问题所占据。这样,他们的唯利是图就变得容易理解了。这在我们看来几乎是病理性的。这不过是虚荣的另一种形式罢了,它靠着物质财富的堆积来得到一种魔力的表象。这些腰缠万贯的人的财富虽然早已绰绰有余,仍要继续到处抓钱。他们中有一个人曾这样说过:"是的,那(指钱)就是不断地、反复地吸引着我的力量!"这个人懂得钱的意义,但有许多人不敢懂!权力的拥有与金钱的拥有在今天如此密切地关联。在我们的文明里,对钱财的追求天经地义,因而没人注意许多人的唯利是图是受着虚荣心驱策这一事实。

最后,我们还要再讲一个病例,其中包含了前面所讨论过的每一方面的问题,同时它还能让我们了解虚荣心在其间扮演着重要角色并成为犯罪条件的现象。这个病例与两姐弟有关。弟弟被看作是个缺乏才能的人,而姐姐则因能力极强而颇负盛名。当弟弟再也无法与姐姐保持竞争状态时,他放弃了。他被推到幕后,虽然大家都竭力为他排除路途上的障碍。与此同时,他开始背负上一个沉重的思想包袱,认为自己天资不足。从孩提时代开始,经验就告诉他,他姐姐总能够轻而易举地克服生活中的障碍,而他只能默默无闻地干些无关紧要的事情。就这样,由于他姐姐的优越地位,人们便认为他天资不足,虽然事实并非如此。

背负着这个沉重的包袱,他进了学校。作为一名悲观失望的儿童,他的事业就是不惜任何代价地努力避免发现和承认自己无能。长大些以后,他不愿被迫去扮演一个笨蛋角色,而希望别人把他当作成人看待。14岁时,他经常参加成人的聚会,但他深切的自卑感总使他如坐针毡,焦虑不安,并常逼迫自己去考

虑怎样才能扮演一个已经长大成人的绅士的角色。

就这样,他的道路一步步将他引向了烟花柳巷。由于逛妓院需要花许多钱,而同时他要扮演一个成人角色的愿望又阻止他去向父亲讨要钱财,他开始在走投无路时去偷他父亲的存款。他并不为这种偷窃行为感到难过,反倒觉得自己更像一个成年人,他不过是父亲的一个出纳员罢了。事情就这样继续着,直到有一天他面临考试不及格的严重威胁。降级将证明他的无能,而他最害怕的就是让人知道他无能。

于是发生了一系列事情:他突然感到了懊悔的痛苦和良心的谴责,这更严重地影响了他的学习。这个小把戏使情形有所改观,因为如果他没能及格,他就有了向人交代的借口。他的悔恨、他的良心责备是那样深痛,以致人们会认为:任何一个处在同样情况下的人都不可能考好试。与此同时,他的精神变得极其涣散,神思恍惚,无法用心学习。这一天就这么过去了,夜里他躺在床上想的是:他在学习上是尽力而为、付出努力了的,虽然事实上他在学习上根本没用一点心思。此后发生的事情,使他能更有利地扮演自己的角色。

家里人强迫他早早起床,结果他整天都睡眼蒙眬,累得要死,根本没法专心学习。这样的状况下,难道谁还能要求他与姐姐竞争吗?现在该责怪的不应是他天资欠缺,而是他的懊悔,是他的良心谴责让他不得安宁。最后,他浑身都披上了保护自己的甲胄,再没有什么能对他造成伤害了。如果他考不及格,也是情有可原,没人会说他没有才能;而如果他侥幸及了格,那就能最好地证明他聪明能干。

看到这类把戏,我们非常清楚,造成这一切的原因是他的虚荣心。在此病例中，我们可以看到，为了避免发现自己所谓的而实际并不存在的无能，一个人甚至甘冒犯罪之危险。这类对生活航向的偏离都是由野心和虚荣心引起的，野心和虚荣心使人失去了坦率爽直的态度以及生活中所有真正的欢乐和幸福。仔细地研究就会发现，这只是虚荣者犯的一个愚蠢错误！

2. 嫉恨（jealousy）

嫉恨是一个有趣的性格特征，因为它出现的频率极高。嫉恨不但意味着在爱情关系上的嫉妒，也意味着在人类其他一切关系中的嫉妒心理。因此，我们发现，儿童在孩提时代产生嫉恨是为了相互超越。这些儿童也可能同时产生野心，并在这两种性格特征中表现出对世界的好战态度。作为野心的姊妹，嫉恨这个性格特征可能延续终生，它起源于被忽略或被歧视的感觉。

当一个妹妹或弟弟降临世间，受到父母更多的关注、照料，而作为姐姐或哥哥的儿童感到自己像一个被废黜的君王时，通常就会产生嫉恨。这些儿童曾沐浴在充满父母爱意的暖阳中，可新生儿的来临夺走了他们的阳光，于是他们妒火冲天。

这种情感的可能程度可见于一个8岁小女孩的病例，因为她在8岁之前已经犯过三次谋杀罪了。

这个小女孩的智力发展有些迟缓，加上身体弱不禁风，所以任何事都干不了。结果，她反倒发现自己的这种处境很舒服愉快。但在她6岁时，这种愉快的处境突然发生了变化，因为家里添了一个小妹妹。她的心境因此发生了彻底的改变，并怀着无情的仇恨迫害她的小妹妹。父母无法理解她的行为，便非常严

厉地对待她,甚至试图让她知道,她应对自己的每一恶劣行径负责。有一天,在这家人住的村旁的一条小溪里发现了一个被溺死的小女孩。不久,又有一个小女孩被发现溺死。最后,我们的病人在将第三个小女孩扔进溪里时被当场抓住。她承认之前那两个小女孩也是她谋杀的。她被送进了精神病院接受观察,最后被送进一家疗养院接受教育。

在这个病例中,这个小女孩将对她妹妹的嫉恨转移到了其他小女孩身上。我们注意到,她对于男孩并无敌对情绪,她似乎在这些被谋杀的小女孩身上看到了她妹妹的身影,她企图用这种谋杀行为来满足她因被忽视而产生的复仇感。

在兄弟姐妹同在的情况下,嫉恨的表现将更为明显。众人皆知的一个事实是,在我们的文明里,一个姑娘的命运是不会引人瞩目的。当她看见弟弟的降生受到了更多、更热烈的喝彩,当她看到弟弟得到更多的照料和宠爱,看到弟弟得到自己所没能得到的优先便利时,她很容易变得灰心丧气。

像这样的关系自然会引起敌意。有时候,姐姐会表达出她的爱意,像母亲一样地对待弟弟,但从心理学的观点看,这和上述病例并没有什么不同。如果姐姐对小弟弟或小妹妹表现出一种母亲般的态度,只能说明她重新获得了权力地位,她可以在这个位置上按她的意志行事,这使她得以从危险处境中找到一块宝地。

家庭内部的嫉恨常常是由兄弟姐妹间膨胀夸大的竞争引起的。女孩子可能感觉受到了忽视,因而坚持不懈地要战胜她的兄弟。通常,由于她的努力勤勉,她成功地将其兄弟远远地抛在脑后。在此问题上,老天爷也助了她一臂之力,青春期阶段,姑娘在精神和身体方面都比男孩发育得快,虽然在其后的几年里这种差别又被渐渐拉平。

嫉恨有多种多样的形式。它可能表现为对他人的不信任,表现为埋伏下来等待出击,或者表现为对同伴的批判性评价,表现为对受忽视的不断恐惧。在这些表现方式中,究竟哪一种占据显著地位,完全取决于在此之前对社会生活所做的准备。有的嫉恨方式表现为自毁,有的表现为顽固不化。这种性格特征的一些表现形式还包括令他人扫兴、莫名其妙地反对他人、限制他人自由并随之压制他人等。

给对方制定一套行为规则是嫉恨最喜欢玩的把戏之一。当一个人想要给他的情侣规定一些恋爱法则时,当他在爱人的四周树起一座高墙时,或当他规定对方应该看什么、干什么或想什么时,他就是在根据这一特有的心理模式行事。嫉恨也可能以贬低他人、谴责他人为其目的,但这目的还只是实现另一目的的手段:夺走对方的独立意志,让他墨守成规或将他约束起来。这种行为在陀思妥耶夫斯基的《涅朵奇卡》中有着绝妙的描述,小说中的一个男人成功地压迫了妻子一辈子,从而表示了他对妻子的支配操纵,他所采用的就是我们刚讨论过的手法。因此,我们看到,嫉恨是权力追求的一种具有特别明显标志的形式。

3. 嫉妒(envy)

在一个人身上,只要有对权力和支配的追求,我们就能确定无疑地从他身上找到嫉妒这个性格特征。个体与其高得超乎自

然的目标之间的不可逾越的鸿沟必然以自卑情结的形式表现出来。自卑情结压迫着他,极大地影响着他的一般行为和对生活的态度,致使他感到他的目标还远未实现;而他对自己的低估和对生活持续的失望,则不断地提示他这一点。他开始花时间去估算他人的成功,并沉湎于别人对他的看法或别人所取得的成就。被忽视感总在折磨着他,他也总感到自己受到歧视与排斥。实际上,这些个体很可能比他人拥有更多。他所表现出的各种各样的被忽略感说明他的虚荣心未能得到满足,因为他想比邻人得到更多,事实上,他想要得到一切。这类嫉妒的人不会说他们想得到一切,社会感的实际存在使他们想都不敢这样想。但他们的行动说明他们想要得到一切。

在不断估算他人成功的过程中滋生出来的嫉妒感极少有可能使人获得幸福。社会感的普遍存在使嫉妒遭到普遍反感,然而不怀嫉妒的人却少之又少,我们谁也无法完全摆脱它。在生活的正常进程中,嫉妒常常表现得并不明显,但当一个人在遭受痛苦时,当他感觉到压迫时,或当他囊空如洗、饥寒交迫时,当他未来的希望笼罩上阴云时,当他身遭不幸而走投无路时,嫉妒便现身了。

今天,我们人类尚处于现代文明的开端,虽然我们的道德与宗教禁止我们怀有嫉妒这种感情,我们的精神心理却尚未成熟到有意识地摒弃它的程度。穷苦人所怀的嫉妒是很容易理解的。相反,如果有人能证明他即使被放到穷人的位置上也能毫不怀嫉妒之心,那倒难以理解了。对此,我们想说的是,我们必须把当代人的精神处境也考虑在内。当个体或群体的活动受到太多的限制时,嫉妒便随之产生了。但是,当嫉妒以最令人不快的形式出现时，我们却不知道能用什么办法来避免这样的妒忌以及随之而来的仇恨。对生活在社会中的每一个人来说，有一点是明确的，那就是我们不应该让这种嫉妒倾向去经受考验，也不应当激发它；我们应当充分掌握策略，在可能产生嫉妒时不要强化它。的确，这样做并未使情况有任何好转，但我们至少可以对个体提出这样的要求：不要在同伴面前表现出哪怕是瞬息即逝的优越感，因为这样会轻易地伤害对方的自尊心。

个体与社会间的不可分割的关系表现在这一性格特征的起源之中：没人能够将自己凌驾于社会之上，或者在对同伴展示权力的同时而不引起他们的反感。嫉妒逼使我们建立起一定的制度与规则，以确立人与人之间的平等。最后，我们理性地得出了一个我们已直觉感受到的命题：所有人之间的平等的法则。违背了这一法则，就会立即招来混乱。这是人类社会的基本法则之一。

实际上，有时可以轻易地从一个人的外表看出嫉妒的表现。在人们常用的一些形象比喻中，比如嫉妒得脸色发"青"或发"白"，就可以说明其中的心理学道理，并且说明嫉妒将影响血液的循环。嫉妒在生理上的反应还表现在毛细血管的收缩上。

就嫉妒的教育意义而言，我们只有一条道可走：既然我们无法完全清除嫉妒，就应该让它变得有用。要做到这点可以提供一种渠道使得嫉妒带来成效，而不给精神生活带来太大的震荡。这对于个体、对于群体都有好处。如果是个体，我们可以劝其找到一个能提高他自尊的职业；而在国际生活中，有些国家看到邻国其乐融融，感到自己被忽视，只是徒劳地嫉妒邻国在国际大家庭中的大好形势，对于这些国家，我们只能为落后政权指明

新途径。

任何一生都嫉妒满怀的人在社会生活方面都是毫无用处的。他所感兴趣的只是从别人那里索取,或以某种方式去巧取豪夺,或妨碍别人的生活。与此同时,他还倾向于为自己未达的目标寻找借口,并因自己的失败而责怪他人。他将是一个好战分子、一个害人精、一个不喜欢良好关系的人、一个不愿使自己对他人有用的人。由于他不愿费心去同情他人,所以对人性几乎一无所知。如果别人因他的所为而遭受痛苦,他将毫不为之所动;他甚至会把自己的快乐建筑在他人的痛苦之上。

4. 贪　婪

通常,贪婪与嫉妒是密切相关的,总是伴随着嫉妒产生。我们所说的贪婪不仅仅指表现在钱财囤积方面的贪心,而且也指这样一种更经常表现的形式,即不能将欢乐愉快给予他人,或在对社会、对其他所有人的态度上表现得十分贪心。贪婪的个体在自己四周立起一座围墙,以确保对其无耻财宝的拥有。一方面,我们发现它与野心和虚荣的联系,另一方面,又可以看到它与嫉妒的关系。其实,可以毫不夸张地说,这些性格特征通常都同时存在。因此,当我们发现其中一种,便可断言其他几种也都存在,而且这也算不上什么令人惊愕不已的神机妙算。

在我们的现代文明中,几乎每一个人或多或少都有一些贪婪。普通人常将其掩藏起来,或用夸张的慷慨来遮掩它。这与施舍没有什么两样,其目的在于通过这一慷慨的举动,以他人的人格为代价来提高自己的人格感。

在一定的情况下,即当其导向生活的某些形式的时候,贪婪似乎是一种可贵的素质。我们可能在自己的时间或工作方面贪得无厌,而在此过程中完成一件伟大的工作。在我们今天,科学和道德的倾向将这种"对时间的贪婪"推到了最为显著的位置上,它要求每个人都在时间和工作上力求节俭。理论上听起来这很不错,但这一理论在实施时,我们总是看到人们在为个人的优越感和权力目标服务。这个理论上的假设常被滥用,对时间和工作的贪得无厌常被指向将真正的工作负担推到他人肩上。和所有其他活动一样,我们可以用其普遍的实用性这个标准来判断这一活动。我们这个技术时代发展的一个特征,就是人被当作机器,生活的法则被当作技术的法则。在后一情况中,这些规则常被证明为合理;但在对待人的问题上,它们终将导向疏远、孤独以及人类关系的毁灭。因此,最好将我们的生活做一番调整,使我们更乐意于给予,而不是囤积。这个法则不能脱离其背景而存在,我们不能用此法则来危害他人。事实上,只要我们时刻记住公共福利,也就不会去危害他人了。

5. 仇 恨

我们常常发现,仇恨是好战之人的性格特征之一。仇恨的倾向(通常出现在孩提时代)可能达到相当的强度,比如在大发雷霆时,同时也可能以较为温和的形式出现,比如絮聒不休的责骂和心怀不轨。一个人可能在仇恨和唠叨责骂方面所达到的地步,是测量其人格的一个很好标准。明白了这一点,我们就能更好地了解他的灵魂,因为仇恨与居心不良是人格的特征之一。

仇恨可表现为多种方式。它包括各种对抗其他的个体、其他的民族、其他的阶级、其他的种族的活动。仇恨并不公开表现自己,和虚荣一样,它知道如何以伪装的面孔出现,比如,出现在一般性的批评态度的幌子下。仇恨可能会在破坏个体联络中扩大。有时,某一个体的仇恨程度可能疾如闪电般地突然爆发出来。我们的一个病人就是这样,他本人倒是被免除了服兵役,但他告诉我们他曾怎样津津有味地翻阅关于残酷屠杀和毁灭他人的报道,并从中得到极大享受。

我们在犯罪事件中看到很多类似的情况。在较为温和的形式中,仇恨倾向可能在我们的社会生活中扮演一个重要角色,以并不一定带侮辱性或恐怖性的形式出现。恨世(misanthropy)就是一种经过伪装掩盖的仇恨形式,它暴露出对人类的一种程度很高的敌意。有些心理学学派从头到脚都弥漫着敌意和恨世倾向,这与那些更粗鄙、更不加掩饰的敌对的残酷、野蛮行径别无二致。在一些名人传记中,这层伪装被抛到了一边。最重要的是要记住,仇恨和残酷有时可能存在于一个艺术家身上,而为了创造出健全的艺术他本来应该牢牢地站在人类一边。

仇恨的下面还有千万条分支,如果我们在此对其逐一研究,分别举例说明这一单独的性格特征与一般性的恨世倾向的所有关系,似乎显得离题太远。比如,某些工作和职业的选择不可能不显现出这一个体的恨世倾向。格里尔帕策[①]曾经说过:"一个人的残酷本能在诗歌中得到了满意的表达。"这绝不是说这些职业不可能不带有仇恨;恰恰相反,在对人类怀有敌意的个体决定

---

① 奥地利剧作家。——译者注

为自己谋取一个职业（比如军职）的那一刻，他的敌对倾向就已经至少在表面上与社会系统相吻合了。这是因为他必须与他的组织相适应，也因为他必须与同事们保持一定的联系。

敌对情绪在这样一种形式中掩盖得特别好，即同"过失犯罪"相关的行为。对人或财产的"过失犯罪"，其特征是过失的个体完全忽视了社会感要求的对他人的关怀和考虑。这个问题在法律上引起了无休止的讨论，但仍未得到满意的结果。不言而喻，可被称为"过失犯罪"的行为不等于就是罪行。如果将花盆放在窗台的边缘上，稍有震动花盆落下去砸在一个路人头上，这与抱起花盆向人砸去是不一样的。但某一个体的"过失犯罪"行为毫无疑问与犯罪有着密切的关系，而且是理解人的另一关键所在。在法律上，"过失犯罪"行为并非有意识地故意而为，被看作是一个可减轻罪行的情节。然而，毫无疑问的是，一个无意识的敌对行为与一个有意识的心怀叵测的行为都是基于同一程度的敌意之上的。在观察儿童玩耍时，我们可以经常注意到一些儿童对于他人的平安幸福不那么在意。我们或许可以确定，他们对其同伴并不怎么友好。我们应当等待有进一步的证据来证明这一论点，但如果我们发现这些儿童每次做游戏时都有不幸事件发生，我们便不得不承认这些儿童并不习惯于将其同伴的平安幸福放在心上。

现在，让我们来特别讨论一下我们的商业生活。商业并不特别适合用于说明过失与敌意之间的相似性。商人很少关心其竞争对手的福利，对于我们所非常看重的社会感也无多大兴趣。一些商业活动和商业事件很明显是建立在这样一个理论基础上的：一家商行的优势必然来自于另一家商行的劣势。因此，一

般说来,这种活动不会受到惩罚,即使是有意识的、用心险恶的故意所为。这些缺乏社会感的日常商业活动与同样缺乏社会感的"过失犯罪"毒化了我们的社会生活。

即使那些心地善良的人在商业的压力下也不得不尽其可能地保护自己。我们忽略了这样一个事实,这种个人保护通常还伴随着对另一个人的损害。我们讨论这些事情,是由于它们能帮助说明在商业竞争压力下运用社会感的困难。必须找到一种解决办法,以使每一个体为了公共福利而进行的合作更容易,而不是更困难。实际上,人类的灵魂一直都在自动地工作,试图建立一个更好的秩序,以便能够最大限度地保护自己。心理学也必须相互合作,着手于对这些变化的理解,以达到这样的目的:不但可以了解商业关系,而且还能了解同时也在发挥作用的精神器官。只有这样,我们才可能知道,对于个体和社会可以期待些什么。

过失广泛地存在于家庭、学校和生活之中,我们几乎可以在所有的机构中发现它。时而有一些对其同伴丝毫不加体恤的人就是这方面的典型实例。自然,天网恢恢疏而不漏,对他人不体贴的行为常常使当事人难得善终。有时,这些惩罚要过许多年才出现。"在劫虽难逃,报应却缓慢。"经年累月之后,那些从不对自己的行为有所收敛的当事人对其中的前后联系已无法理解,对事情的因果由来也一无所知,他甚至还可能因自己的不幸而大喊冤枉呢!他的不幸命运或许应归因于这样一个事实,即:其他人因不堪忍受这位同伴的不体贴行为,而不再以善意待他并最终离他而去。

虽然许多人为过失犯罪辩解开脱,但我们进一步的观察却说明，从本质上讲它是一种恨世倾向的表现。比如，一个超速驾驶的司机虽然撞了人，却为自己找借口说是因为有重要约会。我们会认为，这个司机是将自己个人的小事凌驾于其他人的平安幸福之上，因而忽略了他可能给其他人带来的危险。个人私事与社会福利之间的差异是衡量他对社会是否有敌意的标准。

第11章

非攻击型性格特征

生活的问题大都只能在社会里才能得到解决。

不对人类社会表现出公开的敌对，但却给人一种敌对性隔离的印象，这种性格特征可以被归为非攻击型性格特征。这时，敌对倾向似乎已绕道而行。这种个体不伤害任何人，但却回避生活与社会，回避与所有人的接触，并且由于他的这种隔离而没法与同伴合作。然而，**生活的问题大都只能在社会里才能得到解决。**处于隔离状态的个体可能与公开、直接地向社会开战的个体有着同样的敌对情绪。此领域有大量的研究可供我们验证，而我们将更细致地说明几种相关的表现形式。我们要讨论的第一个性格特征是隐遁。

1. 隐遁（seclusiveness）

隐遁和隔离有多种表现形式。使自己与社会隔离的人少言寡语，或者沉默无语；不正视他人的眼睛；充耳不闻，或在别人说话时不专注倾听。在所有社会关系中，甚至在最简单的社会关

系中,他们表现出一种冷淡生硬的态度,这使得他们与同伴有所区别。这种冷若冰霜的态度可见于他们的举止行动、他们握手的方式、他们说话的音调,以及他们招呼人或者拒绝招呼人的方式上。他们的每一姿态似乎都在他们自己和同伴之间制造一种距离。

在这所有的隔离方式中,我们都发现有野心和虚荣的潜流。这些人想靠强化自己与社会的差别来抬高自己,而他们至多只能得到想象中的胜利。在这些离群索居者貌似无关痛痒的态度中,好战与敌对是明显可见的。隔离也可能是一个较大群体的性格特征。人人皆知,整个家庭都与外界隔绝、关门闭户、谢绝来客的情况实不算少见。他们的敌意、他们的自负以及他们认为自己比所有其他人都更好、有更崇高的信仰是明白无疑的。隔离也可能是一个阶级、一个宗教、一个种族或国家的性格特征。有时,我们可能有这样的体验,我们走在一个陌生的城镇里,看见那里房屋住所的建筑结构清楚地反映了那些将自己与他人区分隔离开来的明显的社会阶层。

在我们的文化中,一种渊源悠久、根深蒂固的倾向将人分为相互隔离的国家、宗派和阶级。由此而产生的唯一结果,乃是各种老朽无力的传统之间的相互冲突,它使一些人能够进一步利用潜在的矛盾使群体间相互搏杀以满足他们个人的虚荣。这样一个阶级或个体自认特别优秀,高估自己的精神,并且热衷于展示他人的弊病。这些优胜者费尽心机地挑拨阶级间或国家间的摩擦,主要是为了增强他们个人的虚荣。如果发生了不幸事件,诸如世界大战及其后果,他们绝不会因为挑起了这些事件而自责。在自己的不安全感的唆使下,这些惹是生非者企图以他人的代价来换取自己的超越感和独立感的实现；而隔离成为他们悲哀的命运和狭隘的天地。不言而喻，在我们的文明中，他们是不可能有所发展的。

2. 焦　虑

恨世者的性格常带有焦虑的色彩。焦虑是一个极其普遍的性格特征。它从生到死一直伴随着一个人，使他苦难深重，使他无法和其他人保持联系，毁掉他创造一个宁静生活或对世界做出有益贡献的希望。每一种人类活动都可能包含有恐惧。有人可能会害怕外部世界，也有人可能害怕他自己的内心世界。

有人因害怕社会而躲避它，也有人害怕孤独。在焦虑者中间，我们总能发现众所周知的那种考虑自己多于考虑同伴的人。人一旦确立了他必须躲开生活中一切障碍的观点，我们就可从其焦虑的外表上随时看出这一点来。有些人在开始任何一件事时，他们的第一个反应总是焦虑，不管这件事仅仅是离家出门，还是告别朋友、寻找工作，抑或是坠入情网。他们与生活、与他们的同伴联系太少，因而情形稍有变化都会引起他们的恐惧。

他们人格的发展、他们为公共福利做贡献的能力严重地受这一性格特征的制约。他们并不一定表现出恐惧战栗、转身而逃的倾向。他们只需要把脚步放得更慢，只需要找出各种各样的托词就行了。一般地，这个惶惶不可终日的个体并不知道每当新形势出现，其焦虑便也跟着出现了。

有趣的是，我们有些人总在回想过去或考虑死亡。回想过去是一种不易察觉因而也是深受喜爱的自我压迫的方法。对死

亡和疾病的恐惧,是为逃避一切责任和义务而寻找借口的人的特征。他们夸张地强调,万事皆空,生命短暂,未来难测。天国及来世的安慰有着类似的功效。对于真正目标在于来世的人,现世生活完全是多此一举,没有价值。第一类人回避所有的检验,因为他们的野心阻止他们去接受检验——那样将会暴露出他们所真正追求的价值。在第二类人中,我们清楚地发现,正是这同样的上帝、同样的超越他人的目标、同样的抬高自己的野心使得他们不能适应生活。

我们发现焦虑的最初的形式,可见于一旦形单影只便会瑟瑟发抖的儿童身上。但即使有人来到这些儿童的身边陪伴他们,他们的愿望却始终无法满足;他们对别人的这种陪伴另有企图。如果母亲走开,留下他一个人,他就会满怀焦虑地把母亲叫回来。这一举动证明一切仍原封未动。事实上,母亲在不在那并不重要,这个儿童更为关注的乃是借此让母亲侍立左右,并支配她。这表明我们没让儿童养成独立的精神,由于错误地对待他,他获得了让同伴伺候他的机会,使他学会了怎样让人伺候他。

儿童的焦虑表现是人尽皆知的。当黑暗或夜晚使他们与环境或亲人的联系变得更加困难时,这种表现尤为明显。但我们可以说,他们焦虑的哭闹又把这被夜晚隔断的联系重新建立起来。如果有人匆匆奔到这个儿童身边,我们上面描述过的那一幕通常就会发生。他会叫人把灯打开,陪坐在他身边,和他玩耍,诸如此类。只要我们照办,他的焦虑便会云消雾散;而一旦他的优越感受到威胁,他又会变得焦虑起来,并通过焦虑来巩固他居高临下的地位。

在成人的生活中也有类似现象。有些个体不愿意单独出门。在街上,因为他们焦虑的姿态以及焦虑目光,我们一眼就能认出他们。他们中的一些人不愿在街上四处走动;另一些则沿街疾走如飞,仿佛有敌人在后面追赶。有时我们会碰见一个属于此类的女人,请我们扶她过街;而她并非身虚体弱、疾病缠身的伤残者!她能轻松地走路,通常也很健康,但一遇到微不足道的困难,她就会产生焦虑和恐惧。通常,他们刚一走出家门,焦虑和不安全感便产生了。广场恐惧症,或者说对空旷地带的恐惧,就是其中有趣的一种。患这种病的人总感觉在周围的某个地方存在着敌对的迫害,他们相信有某种东西使他们完全有别于他人。害怕摔倒(在我们看来,这仅仅意味着他们觉得自己被举得很高)就是他们这种态度的一种表现方法。在恐惧的病理形式中,同样可以看到对权力和优越感的追求。对于很多人来说,焦虑乃是一种迫使他人与他们形影相随、寸步不离的显而易见的手段。在此情形下,我们看到,别人要是离开了房间,他就会重新被焦虑所吞噬!所有的人都必须服从于这个病人的焦虑。于是,一个人的焦虑就这样将一种法则强加给了整个的环境:每个人都必须到病人这里来,而病人无须到任何人那里去,他成了支配其他所有人的皇帝。

要消除人的恐惧,只能依靠维系个体与人类的纽带。只有能意识到自己离不开同伴情谊的个体才能毫无焦虑地走完人生的旅程。

让我们附加上一个1918年革命(奥地利革命)时期的有趣实例。在那些日子里,有一些病人突然宣布他们不能去心理咨询了。当被问及原因时,他们回答说,在这风雨飘摇的日子里,

谁也难说会在街上遇到些什么人。如果再穿得比别人好,那就更不知道会出什么事了。

在那些日子,人们的心情当然是很沮丧的,但值得注意的是只有这些人会得出这样的结论。为什么只有这些人会这样想呢?他们这样做绝非偶然。他们恐惧是因为他们从未与人有过任何接触。因此,他们在革命的非常时期就会感觉自己不够安全;而其他一些人则因为感觉自己属于社会,便不觉得有什么焦虑,仍旧遵循着各自的轨道。

胆怯是焦虑较为温和的一种形式。我们就焦虑所说的一切都适用于胆怯。不管你让儿童处身于多么简单的关系,胆怯都会使儿童避开一切接触,或破坏刚建立起来的关系。自卑感和与他人不同感,妨碍了这些儿童在建立新的联系中获得快乐。

3. 软　　弱

软弱是这样一些人的性格特征:他们感觉自己所面对的一切工作都特别困难,对于自己成就任何事情的能力毫无信心。通常,这种性格特征表现在行动迟缓这一形式上。这样一来,个体与即将到来的考验或工作之间的距离不但没有迅速缩小,而且还可能完全保持不变。那种"正事不做,豆腐放醋"①的人,就属于此类。这类个体突然发现他们完全不适合于自己所选择的职业,或者想方设法寻找借口来消除自己的逻辑感,使得从事这一职业最终成了不可能。除了行动迟缓以外,软弱还表现在处

---

① 民间俗语,指没做好事,反而还帮了倒忙。——编辑注

处设防，在安全措施和做事的准备方面都过分小心，而这一切都不过是为了逃避自己的责任而已。

个体心理学将适用于这一广泛存在的现象的种种问题称为"距离问题"。我们可以凭借个体心理学的观点来准确地判断一个人并测出他与人生三大问题的解决之间的距离。这些问题包括：他的社会责任感的问题的解决，即"我"与"你"的关系——是否以近似正确的方法建立了自己和同伴间的联系，或是否妨害了这种联系；另外两个问题是他的职业与工作问题以及恋爱与婚姻问题。根据失败的程度，根据某一个体与这些问题的解决之间的距离，我们可以就他的人格得出意义深远的结论。与此同时，我们可以利用如此得来的资料，帮助我们理解人性。

如上所述，在性格软弱的情形中，我们可以发现，其根本点是个体想要或多或少地拉开他与其工作之间的距离。然而，除去上述灰暗的悲观主义以外，还有光明的一面。我们可以假定，我们的病人完全是因为这光明的一面才选择了他目前的位置。如果他毫无准备地去做一项工作而又搞砸了，这情有可原，他的人格感和虚荣也不会因此受到任何伤害。这样一来局面就变得安全多了，他就像一个走钢索的人，知道身下有个大网，如果摔下去，有网接着。如果他在未经准备的情况下去干一件工作而未能干好，他的个人价值感便不会受到威胁，因为他可以罗列出一大堆妨碍他顺利完成工作的理由。如果他不是动手太晚，如果他有更好的准备，那成功就将不在话下。因此，要受责怪的不是人格上的缺陷，而是环境的恶劣使他无法期望承担责任。而他要是获得了成功，这成功就会使他更

显得光彩照人。如果一个人勤勉尽职地工作,谁也不会因工作的顺利完成而感到惊奇,因为这个成功是不言而喻、理所当然的。另一方面,如果他动手太迟,拖拖拉拉,或全无准备,虽仍旧如期地解决了问题,那人们对他就得另眼相看了。他仿佛成了一个双重的英雄,事半功倍地完成了别人可能事倍功半才能完成的任务!

这些就是精神迂回战的优势所在。但这种迂回态度不但暴露了野心,还暴露了虚荣,同时让人发现他喜欢扮演英雄角色,至少为自己扮演;这样,他貌似得到一些特殊权力。

现在让我们来看看另一些希望逃避上述问题的个体。他们为自己制造一些障碍,其目的是不去解决这些问题,或至多以一种非常犹豫的态度去解决。在他们的迂回中,我们可以发现各种各样的怪癖,诸如懒惰、消极怠工、频繁更换工作、犯罪等。一些人从其外部姿态上来表现他们的这种生活态度,他们的步态就像蛇的姿态一样。这当然不是出自偶然。我们可以较为保守地评估他们:这是些想靠绕弯子来回避困难的人。

现实生活中的一个实例可以清楚地说明这一切。有这样一个男士,他坦率地表达对生活的不满,因为厌倦了生活,他一天到晚想的都是自杀。什么也不能使他快活,他整个的态度表明,生活已经走到了尽头。通过心理咨询了解到,他家有三兄弟,他是最年长的一个。他父亲是个志向极为远大的人,不屈不挠、充满活力地工作了一生,成就了相当的事业。我们的这位病人是他父亲最喜欢的儿子,父亲希望他有一天能够继承父业。这孩子的母亲死得很早,但很可能是因为他得到了父亲很好的保护,所以他和继母相处得十分融洽。

作为长子，他不加任何批判地崇拜权力和影响力。他的一言一行、一举一动都带着凛然不可侵犯的色彩。在学校，他是班长，毕业以后子承父业，他对接触的人总做出一副施舍者的姿态。他总是轻言细语，像个朋友；他待工人们很好，付给他们最高的工资；对于工人们的合理请求，也总是有求必应。

但在1918年革命以后，他发生了变化。他开始抱怨说，工人们不守规矩的行为使他非常痛苦。从前，他们想要什么总是请求他，而现在他们是要求他。他感到切肤之痛，极想关门停业。

在此，我们看到他绕了一个大弯子。总的来讲，他是一个用心良好的经理，但当他的权力关系受到触动时，他便无法公道行事了。他的哲学不但妨碍了他工厂的经营，而且还妨碍了他个人生活的进行。如果他不那么雄心勃勃地要证明他是自己房子里的主人，那他在这方面还能让人接近，但是对于他唯一重要的是以个人权力支配他人。社会与商业关系的逻辑性的发展，使这种个人支配实际上成为不可能。结果，他的整个工作都不能给他带来欢乐。他的工厂关门大吉的倾向既是对他难以驾驭的工人的一种进攻，又是一种抱怨。

现在，他只能在有限的范围内实现其虚荣心了。整个局面的矛盾立刻对他产生了影响。由于他的片面发展，他已失去了改弦易辙和确立新的行动原则的能力。他没有能力做进一步的发展，因为他唯一的目标就是权力和优越感。为达此目标，虚荣成了他占主导地位的性格特征。

对他的生活关系的调查让我们发现，他的社会关系极不健全。集聚在他周围的都是些承认他的优越并服从他意志的人，

这早在意料之中。与此同时,他那张尖酸刻薄的嘴从不饶人,加之他极其聪明,因此时常说出些一语中的、但却于人有损的话。他的冷嘲热讽很快就使他的朋友们纷纷离开了他,从此他再没交上一个朋友。他用其他各种各样的娱乐来补偿他在与他人关系上的不足。

但是,当他面临爱情、婚姻的问题时,他人格的真正失败才算拉开了序幕。在此,我们轻易就能料到他将会遭遇的命运。因为爱情需要有最深刻、最同伴式的感情联系,它不容许专横傲慢的欲望。既然他向来都是支配者,他对婚姻伴侣的选择就必须与他的愿望相切合。专横傲慢、渴望优越的人是绝不会选一个弱者作为其爱情伴侣的;他要寻找一个能被一次又一次征服的人,这样每一次新的征服就意味着一次新的胜利。这样,两个性格类似的人便被连在了一起,而他们的婚姻就成了一系列接连不断的战斗。这个男人选了一位在许多方面甚至比他更专横傲慢的女人做他妻子。为与他们的原则相称,他们俩都必须抓住每一种可能的武器,以维持其支配地位。因此他们俩的关系越来越疏远,却又不敢离婚,因为在婚姻的战场上他们谁都不愿鸣金收兵,都想获得最终的胜利。

我们的病人此时所做的一个梦很能说明他的心情。他梦见他正和一个女仆模样的年轻姑娘说话,那姑娘有些像他的会计员。他在梦中对她说:"但是你瞧,我有贵族的血统。"

他梦中的思想过程并不难理解。其一,是他对其他人的居高临下的态度。在他眼里,人人都像是仆人,没有教养,层次低下,女人就更是如此了。我们必须记住,他与他妻子正处于僵持状态,因此我们可以假定梦中这个女人就是他妻子的象征。

谁也不理解我们的病人,他对他自己又最不了解,他成天高昂着头,傲慢无礼地进进出出,为他的虚荣目标而奔波着。他不但与社会隔离,而且还自命不凡,要别人承认他的贵族血统,尽管他与贵族血统是风马牛不相及。与此同时,他把其他人贬得一钱不值。这样的生活哲学没有给爱和友谊留下任何余地。

个体为这种精神迂回寻找的借口和理由通常都很有特色。一般来说,这些理由本身都是极其合乎情理和可以理解的,只是这些理由并不适合于目前的情形,而只对其他情形适用。比如,我们的病人发现,他必须致力于教化社会。他加入了一个慈善团体,却把在那里的时间耗费在喝酒、打牌等活动上。他认为,这是他唯一能够结交朋友的方法。结果他很晚才回家,第二天又累又困,竟然说,一个人若想致力于教化社会,那至少俱乐部一类的地方是不应去的。如果他同时也埋头苦干,努力工作,他的这番话也算经受住了考验。然而,出乎人们的意料,虽然他口口声声要致力于教化社会,行动上却推三阻四,什么正经事也不做。可见即使他的观点是正确的,他的所作所为也是错误的。

这显然证明,使我们偏离正常发展方向的不是我们的客观经验,而是我们个人对事件的态度和评价,是我们评价和掂量这些事件的方式。在此,我们所面对的是人类的全部错误。这一病例以及类似的病例就显现出了一连串的错误和进一步犯错误的可能性。若要了解某一个体的错误,我们必须同时审视其观点以及整个行为模式,也只有这样才能用适当的办法克服这些错误。这一过程与教育极其相似。教育也是对错误的纠正。为达此目的，就有必要了解，如果基于错误的解释，然后朝着错误的方向错误地发展，就会导致悲剧。我们应当钦佩古人的智慧，他们发现了这一事实，或者说对这一事实有所预感。这种发现和预感集中地表现在复仇女神涅墨西斯①身上。个体因其错误的发展而遭受的不幸清楚地表明，这是他崇拜个人权力、不顾公共利益的直接结果。这种对个人权力的崇拜迫使他以迂回的方式接近其目标，使他不考虑其同伴的利益，而其代价就是对失败的不断恐惧。在他发展的这一阶段，我们通常发现有神经性疾病或症状出现，其特殊意义和目的就在于妨碍个体完成他的工作。这些症状向他表明，根据经验，向前迈出的每一步都潜藏着极大的危险。

对于逃兵，社会没他们的容身之地。要加入游戏，就得要有一定的适应性和屈从性，就得要助人为乐，而不仅仅是为了支配的目的而跻居前位。我们许多人在自己身上，也在我们环境中的其他人身上观察到了这一法则的真实性。我们知道这样一些个体，他们走家串户，彬彬有礼，从不妨害他人，唯独不能暖人心怀，因为他们对权力的追求阻止他们这样做。毫不奇怪的是，别人也不能对他们表现出暖心热肠。属于此类的某一个体可能坐在餐桌旁，一言不发，外表上毫不显露一点幸福的痕迹。他喜欢在公开场合进行讨论，并可能在枝节问题上显现出他的真实性格。比如，他可能竭尽全力地证明他是正确的，即使他的对错与否别人全不在意。我们很快便会发现：只要他被证明为正确，

---

① 涅墨西斯（Nemesis）：古希腊神话中司报复和惩罚的女神。——译者注

而别人被证明为错误,他马上就会把他使用的观点作为一钱不值的东西弃之不顾。但就在这迂回点上,他会再一次显得令人费解,他无缘无故地感到疲倦,常常来去匆匆,手忙脚乱,却又什么事也没有做;他无法入睡,浑身瘫软无力,浑身都不舒服。总之,我们只听到他不停地抱怨,但却说不出任何正当的理由。他看上去就像是一个病人,一个"神经过敏者"。

实际上,所有这一切都是他的诡诈伎俩,是他想把他的注意力转开,想要对他所惧怕的事实真相视而不见。他选择这些武器绝非偶然。想象一个对黑夜这种普遍现象深感恐惧的人所进行的顽强抵抗吧!当我们看到这样一个人时,可以确信无疑地说,他从来就没有与人生达成一致,从来就未能接受生活在地球上这一事实。除了摆脱黑夜外,什么都不能满足他的自我!他要求这成为他适应正常生活不可更改的条件。但提出这一不可能实现的条件又正好暴露了他的不良用心!他是一个只对生活说"不"的人!

所有这类神经质的表现都起源于神经质的个体被他所必须解决的问题所吓倒时,而这些又是些什么样的问题呢?不过是日常生活中的责任和义务罢了。这些责任和义务一经出现,他就开始寻找借口,要么延缓面对困难的步伐,要么找个理由彻底避开。就这样,他同时避开了维持人类社会所必不可少的那些职责,不但因此伤害了他直接的环境,而且从更大的关系来看,是伤害了所有的人。如果我们更了解人性,而且能够牢记导致这些悲剧结果的可怕的因果关系,我们可能早就成功地阻止了这些症状的出现了。显然,反抗人类社会的必然的内在法则是不值得的。但由于这当中的时间跨度以及可能出现的种种复杂

情况,我们极少能够把这种犯罪与其应得的惩罚之间的关联确定下来,并从中得出富于启发性的结论。只有让一个人整个一生的行为模式展现在我们眼前,并透彻地对这个人的历史进行研究之后,我们才能深入地洞察到这种关联,并指出最初的错误是什么时候犯下的。

4. 未驯化的本能与不良表现

有的人在很大程度上表现出一种我们可以称之为不文明或缺乏教养的性格特征。比如,咬指甲、挖鼻孔,或者在饭桌上狼吞虎咽,给人以饿鬼抢食的感觉。当我们看见一个人饿狼般地进食,并且知道他毫无顾忌地表现其贪婪,我们就能体会到这种表现给人的印象。听他吃得多响!大口大口的饭菜一转眼就消失在他那肠胃的深渊之中!他吃的速度多惊人!饭量有多大!而且总在不停地吃!我们不是都见过那些一刻不吃东西就难受的人么?

另一种不文明的表现是龌龊和杂乱无章。工作繁多的人的不拘形式或正在拼命工作的人的自然散乱不包括在内。我们指的这种人通常都游手好闲,更谈不上从事有益的工作,他们的外表总是极不整洁、又脏又乱。这些人似乎是有意要破坏环境,冒犯他人,他们的性格特征与他本人是如此难分难解,以致我们一想到他们就不能不同时想到他们的种种性格特征。

这些只是不文明者的一些外部特征。这些特征向我们表明,他们不愿意规规矩矩地加入游戏,实际上只想与其他人分道扬镳。我们认为具有这些以及其他一些不文明行为的人对其同伴并无多大用处。不文明行为大都始于孩提时代，因为几乎没有儿童的发展是一帆风顺的，但有些成年人却没能克服这些儿童特征。

　　这些不文明者或多或少地表现出不愿与其同伴接触往来的倾向。每一个不文明的个体都希望能远离生活，都不愿意合作。对于要他们改掉这些不文明习惯的苦口婆心的规劝，他们总是不理不睬。这是可以理解的，因为当一个人不愿意在生活中按规则加入游戏时，他咬指甲、挖鼻孔等实际上就都是对的了。确实没有更好的躲避他人的办法了。要达到这一目的，再没有更行之有效的办法了，所以他的衣领总是污黑油腻，衣服上也总是污斑点点。除了总以这种方式出现在人们面前，还有什么办法能使他招来更多的批评、谴责和更多地吸引他人注意呢？还有什么途径能使他更顺水推舟地逃离爱情和婚姻呢？自然，他会在竞争中失利，但他同时又找到了一个实实在在的借口，他可以责怪他的不文明。"如果我没有这个坏习惯，我什么事都能干成！"他义正词严地大叫，但接着就轻言细语地补充说："然而，不幸的是，我有这些坏习惯！"

　　让我们来看一个病例。在这一病例中，不文明的行为成了一种自卫工具，并被用来压迫其环境。这是一个尿床的22岁的姑娘。她是家中排行倒数第二的孩子，因为她体弱多病，所以享受到母亲特别的关注。她对母亲也具有极强的依赖性。她想方设法地让母亲白天黑夜地守在她身边（白天就靠焦虑，夜晚就靠惊恐万状和尿床）。开始时，这一定于她是个胜利，是对她虚荣的一种奖赏。她靠着这些不良行为，成功地把母亲留在了身边，

当然是以牺牲其兄弟姐妹的欢乐为代价了。

这姑娘还有一点与众不同,那就是她怎么也不能交上朋友或融入社会。当她不得不离家出门时,就显得特别焦虑,甚至在长大以后不得不在傍晚出门办点小事时,在夜色中独自行走对她来说都是苦不堪言的事。她精疲力竭地回到家中,满脸焦虑,向家人述说她在路上所遇到的种种危险。我们可以看出,所有这些都意味着这姑娘想一直留在她母亲身边。由于经济条件不允许,家里只好给她找了一份工作。最后,她几乎是被赶出家门去上班。但是仅过了两天,她尿床的老毛病又犯了,她不得不放弃工作,因为雇主对她感到很恼火。她母亲弄不懂她的病的真正含义,狠狠地训了她一顿。于是,这姑娘便企图自杀,并被送进了医院。这下她母亲向她发誓,再也不离开她了。

她的尿床、对黑夜的惊慌失措、害怕独自一人以及自杀的企图,所有这些都指向着同一个目标。在我们看来,这一切意味着:"我必须留在母亲身旁,或者母亲必须时刻关心我!"现在我们认识到,我们可以根据一个人的这些坏习惯对他做出判断。同时,我们知道,只有当我们彻底地了解她以后,才能纠正这些错误。

总的说来,我们常发现儿童的不文明行为和坏习惯意在要得到成人的注意。想扮演重要角色或想让父母看看他们多软弱、多无能的儿童通常会利用这些行为和习惯。到陌生人家去玩时儿童表现欠佳这一普遍性特征也具有相似的意义。有时候最有礼貌、最懂规矩的儿童在客人进屋时都会像鬼魂附了体一样。他想扮演一个角色,直到其目的以某种令他满意的方式达到之后方肯罢休。这种儿童长大以后，会以这类不文明行为来逃避其社会责任，或者靠着给他人添设障碍物而破坏公共福利。在这所有的表现后面隐藏着专横傲慢、野心勃勃的虚荣心。但由于这些表现五花八门，形式各异，并经过很好的伪装，所以我们很难清楚地发现其诱因以及目的。

第 12 章

性格的其他表现形式

心情和脾气并非得自遗传，而是产生于过分的野心以及由此而来的过分的敏感，这种野心与敏感导致他们以各种方式表现出自己对生活的不满足。

1. 欢悦（cheerfulness）

我们曾请大家注意过这样一个事实,即知道了一个人能够在多大程度上帮助他人、服务于他人和给他人带来欢乐,我们就可以测量出这个人的社会感。给他人带来欢乐的天分使一个人显得更加妙趣横生。天性乐观的人比较平易近人,而我们也认为他们在感情上更富于同情心。我们似乎完全凭直觉本能地觉得:他们这种性格特征,表明他们有高度发展的社会感。这些人满面喜色,从不愁眉紧锁、心事重重;从不将自己的忧郁转嫁到别人肩上。与他人同事共处时,他们能够用自己的欢悦去感染他人,使生活显得更加美好,更有意义。我们可以感觉他们是些好人,不但通过其行动,而且通过他们待人接物的态度、说话的方式、对他人利益的关注,以及他们的衣着服饰、举止风度、其乐融融的情感状态和笑声等外表上看出这一点。高瞻远瞩的心

理学家陀思妥耶夫斯基曾经说:"较之于令人乏味的心理研究,我们能从一个人的笑来更好地理解他的性格。"笑能拉近人际关系也能损害人际关系。我们都曾听到过那些幸灾乐祸者带有挑衅意味的笑声。有些人整天愁眉苦脸,他们远离维系着人与人之间关系的那固有的纽带,因而失却了带给他人欢乐以及使自己欢乐的能力。还有一小部分人,他们完全不能使别人开心愉快,在生活中,他们所到之处都阴云密布,使人人都面带苦相。他们行走于天地之间似乎就是为了要熄灭所有欢乐的光亮。他们从无盈盈笑脸,只是在不得不笑或想给人以欢乐赋予者之假象时,才强作笑颜,蒙混过关。这样,我们就能理解同情与厌恶等感情的神秘性了。

  站在这种推己及人、富于同情心的反面的,是那些以败坏他人兴致、泼冷水为其乐事的人。他们把世界描绘成忧伤与痛苦的无边苦海,似乎不堪重负地走着自己的人生之路。他们夸大每一个困难,仿佛未来一团漆黑,令人沮丧;而在别人欢天喜地时,他们总要在一旁说出些悲哀凄凉、大祸将至的预言。他们是彻头彻尾的悲观论者,不但对于他们自己如此,对于其他所有人也是如此。如果他们周围有谁得到了幸福,他们便焦躁不安,并企图在别人的幸福中找到预示不幸的阴影。他们不仅用语言还用干扰的行动去促成这种不幸,他们希望以此阻挠别人幸福地生活,享受人与人之间的友谊。

2. 思维过程与表达方式

  有一些人的思维过程与表达方式有时候给人留下极深刻的

印象，以致我们不可能感觉不到这点。他们思考说话的方式使人感觉在其思想的地平线上飘动飞舞着的全是些至理名言或者说金玉良言。他们一张嘴，我们就知道他们要说什么。他们听上去就像一本廉价小说，满嘴冒出的都是从三流报纸上学来的劣等的警句格言；另外，他们的话还充斥着俚语行话或技术性词汇。这种表达法可以使我们对人有更好的理解。他们那些想法和词汇，有许多是人们不曾使用或不能使用的，这类粗鄙庸俗、低级趣味的话语有时连他们自己都惊诧不已。这证明他们在使用这些语言和表达方式时，想象不到他人对此可能产生的判断和批评。他们在回答每一个问题时，用的都是不经思索便从脑子里冒出来的从小报或电影上学来的俚语行话或技术性词汇一类的陈词滥调。毋庸赘言，这些人不能以别的方法进行思维，而他们现在这种思维方式恰好证明了他们精神和智力的迟钝。

3. 学童的不成熟性

我们常遇到这样一类人，他们给人的印象是其智力的发展在小学生阶段便已终止，而始终没有能够达到"中学生"阶段。他们在家中、在工作场所以及在社会上的表现都和小学生一样，一边急切地倾听，一边寻找机会发表见解。他们在社交聚会上总是急于想回答别人所提出的问题，仿佛想让每一个人都明白他们对此话题略知一二，并等待着别人给他们打个高分。这些人的关键在于，他们只在某些确定的生活形式中才有安全感。一旦发现在自己所处的情境中，小学生那一套行为方式已经不够用，他们便感到忧心忡忡，焦虑不安。这一性格特征可见于各

种知识阶层。在不能取得共鸣的情况下,他们往往显得枯燥乏味、严肃古板和难以接近;或者竭力要扮演一个上知天文、下知地理的角色,仿佛一切的一切都可以从他们事先就知道的某些基本原理、某些不变的规律和公式中推演出来一样。

4. 卖弄学问的人与坚持原则的人

这种迂腐的、学究气的人竭力想根据一个他们认为颠扑不破的原理去对所有的活动和所有的事件进行分类归纳。他们坚信这一原则,谁也不能使他们放弃。只有一切按此原则办,他们才会感觉顺心如意。他们是彻底枯燥乏味的迂夫子。我们认为,他们由于深切的不安全感,而觉得必须把全部的生活压缩精简为若干规则、定式,以免自己被生活所吓倒。当面对着一个没有规则、定式的情势时,他们只能转身逃跑。如果别人所玩的是他们不精通的游戏,他们就会感觉受到了侮慢而满心不悦。毫无疑问,用这种方法能给人带来极大的权力。比如,那些数不胜数的反社会的"拒服兵役者"①就是这样。我们知道,这些过分有良知的人的动机是无限的虚荣和无止境的支配的欲望。

即便这些枯燥乏味的人是些埋头苦干的优秀工作者,他们的迂腐也是明显可见的。他们毫无独创性,兴趣范围极其狭小,满脑子的奇思怪念和异想天开。比如,他们可能形成一个这样的坏习惯,总走楼梯的外侧或人行道的裂缝处。他们从不肯离开自己熟知和习惯了的领域。他们对于生活中的真人真事没有

---

① 拒服兵役者(conscientious objectors):因反对战争或因道德、良心、宗教等方面的原因而拒绝服兵役的人。——译者注

什么同情心，为了找到他们的原则，他们浪费了大量的时间，并且或迟或早将变得与环境格格不入。当他们所不习惯的新情况出现时，他们便不知所措，这是因为他们没有应付新情况的准备，同时也是因为他们坚信"无规矩不足以成方圆"，因而不敢越雷池一步。从宗教上讲，他们也回避所有的变化。他们甚至在适应了冬天以后便难以适应春天；当来到温暖、开阔的旷野，他们也会感到害怕，只有借助于他人的陪伴才能感到安全。这些就是抱怨春天的来临使他们感觉不适的人。他们需要克服重重困难才能适应新情况，因此，他们总选择那些不需要多少主观能动性的工作。除非他们让自己有所改变，否则便永远得不到职务或工作岗位的升迁。这些性格特征并非遗传得来的，也不是一成不变的，只是一种对于生活的错误态度，这一错误深深植根于他们的灵魂之中并彻底控制着他们的人格，以致到了最后，他无法摆脱这些盘根错节的偏见。

5. 顺　　从

奴性十足的人同样不能很好地适应需要能动性的工作。只有在服从别人的命令时，他们才感到心安理得。奴性十足的人依照别人的规矩、法则生活，并且几乎是不由自主地就选择了不需要独立精神的工作。这种奴隶式的态度表现在生活的许多方面。从那缩手缩脚、弓腰低头的姿态上我们就能看出这种态度。他们在别人面前点头哈腰，侧耳细听别人说出的每一句话，并不是为了要掂量、考虑，而是为了很好地执行这些命令，所谓正确理解上司意图。他们认为做出一副顺从的样子是一种荣誉，这

种想法有时甚至到了令人难以置信的地步。他们真正的欢乐就在于顺从于他人。我们的意思绝不是说总希望支配他人的人才是理想的类型,只是想说明那些只有在顺从中才能找到其人生问题之真正解决办法的人的生活中的阴暗面。

可以说,有许多人都认为顺从乃是生活的一条法则。我们指的并非仆人阶层,而是指的女性。很多人认为,女人之必须顺从,是一条虽未成文但却根深蒂固、无可改变的律法。他们认为,女人存在的目的就是顺从。这些观点毒化、破坏了人类的所有关系,然而对这些观点的迷信仍难以被根除。甚至在女人中也有市场——许多人相信她们必须温良顺从,并认为这是一条永恒的律法。但我们从未看到过任何从此观点中得益的情况。始终有人抱怨说,倘使女人不是像这样温良驯服,一切都会变得更好一些。

下面这个实例将向我们表明,即使顺从并不一定导致人类灵魂的反抗,一个温顺驯服的女人或迟或早也会变成一个富于依赖性的、对社会毫无用处的人。这个女人因爱情而嫁给一个名人,她和她丈夫都赞同上述的教条。渐渐地,她完全变成了一部机器,除了没完没了地服侍丈夫、履行其在家庭中的责任义务外,她什么也不知道。她周围的人也习惯了她的千依百顺,从不提出任何异议,但却没有任何人从她的默默无言中得到过任何好处。

这个病例之所以并未造成更严重的障碍,是因为它产生于较有文化教养的阶层。但对于大多数女人而言,顺从乃是她们自不待言的命运,我们由此可以意识到在此观点中潜藏着多大的冲突的可能性。当丈夫将这种逆来顺受视为天经地义时,他随时随地都可能引发冲突,因为实际上这种完全的顺从是不可能办到的。

有些女人因顺从已成为自己的天性,所以要选择专横傲慢、残忍成性的人做丈夫。但这种不正常的关系或迟或早都会发展为公开的对抗。有时我们会得出这样的印象:这些女人有意要使女人的温良顺从显得荒唐可笑,并证明它是一种愚蠢行为!

我们知道应如何摆脱这些困难。一男一女要生活在一起,就必须以伙伴式的劳动分工为条件,而不存在任何形式的对对方的征服。如果这暂时还只是一个理想,它至少为我们测量某一个体的文化发展程度提供了一个标准。顺从不但在两性关系中扮演着一个角色(女性对于男性所给予她们的重负,是历经苦难而难以摆脱的),而且也在国际生活中扮演着一个重要的角色。

古代文明将其整个的经济制度都建立在奴隶制之上。也许今天世界上大多数的人都是奴隶们的后代,何况,两个相互对立的阶级在彼此的绝对对立和陌生中,已经经历了成百上千年。今天,实际上在许多人的心目中,种族等级制度仍旧占有一席之地。顺从的原则以及一个人奴役另一个人的原则也仍然存在,并且随时都可能导致产生出某种类型的阶层来。在古时候,人们习惯于认为工作是奴隶们干的低人一等的事;而主人则无须在普通劳动中弄脏自己的手脚,他只需发号施令并拥有一切有价值的性格特征就行了。统治阶级由"出类拔萃"者组成,希腊语中的"Aristos"就能说明这一点。贵族政治(aristocracy)是"出类拔萃"者所操纵的政治,而"出类拔萃"者是完全由权力来决定的,与美德和品行毫无关系。只有奴隶才有必要在美德方面接受审察,才有必要接受分类鉴定;而拥有权力的是贵族。

在现代社会,我们的观念仍旧受着旧有的奴隶制与贵族制的影响。人类应变得更加亲密无间的必要性本已使这些制度变得毫无意义。但伟大的思想家尼采却仍在竭力鼓吹出类拔萃者的统治,以及芸芸众生的屈从。今天,要在我们的思想过程中消除主人与仆人这种劳动分工的影响并达到人人平等,仍然是一件十分困难的事情。然而,人人平等这个观念本身就已经是朝前迈进了一大步,它能帮助我们,使我们不至于在行动上犯太大的错误。虽然有的人奴性入骨,只有对他人感恩戴德才能使其心中满意,并总在那里请求别人原谅,甚至要别人原谅他们自己的存在本身,但我们不能被表象所迷惑,而认为他们乐意这样干。其实总的来讲,他们中大多数人往往觉得自己很是不幸。

6. 专　　横

与上述奴性十足之人相对的,是占有支配地位、急于在人生中唱主角的专横者。在生活中,他们关心的只是一个问题:"我怎样才能凌驾于他人之上?"这种角色在生活中必然会遭遇到各种各样的挫折和失望。在一定程度上,专横者的角色是有用处的,只要它不带有太多敌意和侵略行为。每当我们需要一个发号施令者的时候,这种专横傲慢的人便会应运而生。他们专门寻找能发号施令、能组织指挥他人的工作。在动荡不安的年代,或当一个国家处于革命时期,这种人便开始崭露头角。可以理解的是,只有这种人才可能崭露头角,因为他们具有领袖角色所必需的恰如其分的姿态和欲望。这些人往往习惯于在自己家中发号施令;什么样的游戏都不能让他们满意,除非在游戏中让他们扮演国王、统治者或将军的角色。他们中有些人本来无力成就任何事业,但如果是他人在发号施令,而他们必须俯首听命,那他们就会激动不安,焦虑万分。在和平安定的年代,他们是商界或社会小团体的领袖人物。他们总在最引人瞩目的地方出现,他们推使自己进入前台,而且高谈阔论,总有洋洋万言要发表。只要他们不破坏别人生活中的游戏规则,我们对他们便没有多少异议。虽然我们并不同意当今世界对他们所做的过高的评价。他们是一些站立在深渊边缘的人,因为他们永远也当不好普通一兵,也绝不是好队友。他们终其一生都在一种极大的紧张状态中度过,从无舒适悠闲的时刻,直到能以某种方式证明自己优越于他人为止。

7. 心情和脾气

如果认为由遗传而得的心情或脾气决定了人的生活态度与工作方式,那这样的心理学家就大错而特错了。**心情和脾气并非得自遗传,而是产生于过分的野心以及由此而来的过分的敏感,这种野心与敏感导致他们以各种方式表现出自己对生活的不满足。**这些人的过分敏感就像一只伸得长长的触角,当面对任何新的情境时,总要先试探一番,最后才涉足这一新的领域。

然而,有一些人似乎总有一种兴高采烈的心情,他们花样翻新地制造一种欢乐气氛,强调生活的光明面,并使之成为他们生活的必不可少的基础。而其表现形式也多种多样。他们中有些人像儿童般地欢天喜地,而且这种孩子气中颇有动人之处。他们不回避自己的工作和任务,而是以一种孩子般的游戏态度,就像玩耍或猜谜一样地去解决工作中所遇到的问题。没有比这更美好、更动人的态度了。

但也有一些人欢悦得过分了,本该严肃认真的时候,他们仍是孩子般地嘻嘻哈哈,这种在严肃场合不合时宜的轻浮态度有时会给人留下不好的印象。眼见他们的工作方式,我们心中产生了疑惑,得出他们实在是不负责任的印象,因为他们希望以这种轻飘飘的态度去克服困难。结果,真正困难的工作便不再分派给他们去做,他们自己通常也主动地回避艰难的工作。然而在转而讨论另一类人之前,我们不能不对他们赞誉几句。与他们一起工作总是令人愉快的,他们与那些整日脸色阴沉、愁眉苦脸的人形成了一个鲜明的对比。喜气洋洋的人比那些悲哀不满的悲观主义者和那些只看到生活阴暗面的人更容易争取过来。

8. 厄　　运

谁要是无视和妨碍社会生活的绝对真理和逻辑,谁就或迟或早会在其人生旅程中感受到来自生活的反击。这在心理学上是一条无师自通之理。通常,犯下这些严重错误的个体并不从经验中吸取教训,而是把他们的不幸看作一种落到他们头上的不公正的厄运。他们一生都在向别人说明他们是多么的运气不佳,竭力要证明他们之所以从未有所成就,乃是因为所有他们想要做的事情都不幸落入厄运的魔掌。我们甚至还在这些倒霉的人身上发现一种为自己的厄运而骄傲的倾向,就好像这种厄运是由某种超自然的力量造成似的。仔细考察后我们就会发现:又是虚荣心在搞它那一套邪恶的把戏。这些个体做出那副模样,就好像某些凶神恶煞成天没事可干而专门迫害他们一样。

暴风雨来临时，他们相信那无情的闪电会单单选中他们。如果是盗贼行窃，他们便担心遭殃的一定是他们的家室。如果有不幸发生，他们便相信这些不幸终会落到自己头上。

只有把自己视为一切事件之中心的人才会如此夸大事实。经常被厄运追逐，表面上看似乎是一件不幸的事情，但实际上当某个人感到所有的敌对力量都对向他实施报复感兴趣时，却只能表明他的虚荣心是在何等顽强地表现自己。这些个体在孩提时代就紧张而痛苦地相信强盗、谋杀犯或其他一些绿林好汉会找上门来，当然还有妖魔鬼怪，就好像这些人或鬼除了迫害他们之外便别无他事似的。

可以料想，他们的态度会从其举止姿态中表现出来。他们走起路来躬腰驼背，仿佛全世界的重量都压在了他们肩上。他们使我们想起了希腊神殿的那些大力神，他们永远地被压在门廊的石柱之下，似乎永世不得翻身。这些人把一切都看得过于严重，过于悲观。我们不难理解为什么他们总是遇到不顺心的事情。实际上，他们之所以运气不佳，乃是因为他们不但自己破坏了自己的生活，而且还破坏了别人的生活。他们运气不佳的根源是他们的虚荣心。遭遇不幸也不失为是出人头地的一种方法！

9. 宗 教 狂

一些总是误解生活、误解他人的人最后遁入了宗教，并在宗教的掩护下继续他们从前所行的一切。他们牢骚满腹，自怨自怜，将自己的痛苦推卸给至高无上的上帝。他们所有的活动都只关注于他们自己。在此过程中，他们相信上帝这个备受敬畏

的、至高无上的存在所关心的只有如何帮助和拯救他们这件事,上帝会对他们所有的行动负责。在他们看来,用人为的方法,诸如特别热忱的祈祷或其他的宗教仪式,可以使上帝与他们靠得更近。简言之,那亲爱的上帝别无所知,别无所为,只知道专注于他们的麻烦苦恼,只对他们表示关怀照料。在这种宗教崇拜中有着太多的异端,如果旧时的宗教法庭卷土重来,这些人十之八九很可能会被送去烧死。他们接近上帝,就像接近他们的同伴一样怨声载道,悲悲泣泣,然而却从不自救或扶救他人。他们觉得,互助合作仅仅是他人的职责和义务。

一个18岁姑娘的病例就能向我们表明,虚荣的私欲能发展到怎样一种地步。她本是个很不错的姑娘,勤奋用功,虽然非常爱慕虚荣。她的虚荣心淋漓尽致地表现在她的宗教信仰里,她以最大的虔诚履行她所有的宗教仪式。有一天,她因为自己信仰中有太多的非正统思想,因为自己犯了戒律以及头脑中时时浮现的罪恶想法而谴责自己。她花了一整天的时间对自己进行粗暴的指控。看着她那如痴如狂的神情,大家都以为她精神错乱了。她一整天都跪在墙角,痛不欲生地谴责自己,但别人却找不出任何理由来谴责她。一天,一位牧师想除去她的心理包袱,牧师告诉她,实际上她从未犯过什么罪,她应该确信自己一定会得救。第二天,这个姑娘在大街上岿然不动地站在这位牧师面前,尖声向牧师叫嚷,说他不配走进教堂,因为他把她罪恶的包袱转移到了他自己的身上。我们无须再进一步地讨论这个病例。很明显,她的野心在宗教外衣的掩盖下暴露无遗,她的虚荣心使她成了裁判美德与罪行、贞洁与堕落、善与恶的法官。

第 13 章

情感和情绪

情感和情绪作为强化了的、更加猛烈的心理活动,发生在个体已经放弃了达到目标的其他一切办法,或对达到目标的可能性失去了信心的时候。

情感和情绪是我们前文所说的性格特征的强化表现。情绪往往表现为(在某种自觉或不自觉的压力下的)突然宣泄。和性格特征一样,它们也有确定的目标和方向,我们不妨称它们为有明确时间界限的心理运动。情感也不是什么不可解释的神秘现象,只要与一定的生活方式和个人固有的行为模式相适合,就必然会发生。其目的是要改善当事人所处的境况,使它符合他的个人利益。**情感和情绪作为强化了的、更加猛烈的心理运动,发生在个体已经放弃了达到目标的其他一切办法,或对达到目标的可能性失去了信心的时候。**

在此我们所涉及的仍是这样一种个体,他们在自卑感和无能感的重负下不得不重整旗鼓,抖擞精神,做出原本没必要那么强烈的额外努力。他们相信,凭借这额外努力,就能使自己变得引人瞩目,证明自己是胜利者。正如没有敌手便无以愤怒一样,没有克敌制胜这一目的,愤怒这种情绪也便无从谈起。在我们的文化中,人们仍然能够靠着这些强化了的心理运动来达到自己的目的。如果借此方法获得承认的可能性极小,那我们就很难看到这种情绪爆发了。

对是否有能力实现其目标没有足够信心的人,并不会因为自己的不安全感而放弃其目标;相反,他们会以更大的努力,并靠着情感和情绪的帮助向目标挺进。被自卑感刺伤的个体靠着这种方法重整旗鼓,企图以某种未开化的野蛮人的方式去实现他们渴望实现的目标。

由于情绪和情感与人格的本质密切相关,因此它们并非某一个体独有的特征,而是所有人都共有的普遍特征,只是每个人程度不同而已。每一个体一旦置身于适合的情境之中,就会表现出某一特定的情绪,因此我们不妨将之称为情绪能力(faculty for emotion)。情绪是人类生活的一个基本部分,我们都能够对这些情绪有所体验。一旦我们对某个人有了相当深度的了解,即使未实实在在地与他有过接触,也能很好地想象他们常有的情感和情绪。自然,情感和情绪也会对人的身体健康有所影响,因为灵魂与肉体本来就是合二为一的。与情感和情绪形影不离的生理现象具体可表现为血管和呼吸系统的种种变化,诸如脸色绯红、面色苍白、脉搏加快、呼吸频率加快等。

1. 分离性情感

a. 愤怒

愤怒这种情感是为追求权力和优势所做的斗争的实实在在的缩影。这种情感清楚地表明,其目标是要迅速地横扫前进道路上的一切障碍。前面的研究告诉我们,任何愤怒的个体都是

想要抖擞士气,重振军威,为获得优越感而进行斗争。有时,为赢得认同而奋斗的努力可能堕落成为对权力的实实在在的沉醉。在此情况下,我们完全可以预料,个体的权力感只要受到一点点威胁,他就会勃然大怒。他们相信(或许是由于从前的经验),靠着这种方法,他们就能够轻而易举地为所欲为,克敌制胜。这种方法水平的确不高明,但在多数情况下却都很奏效。大多数人都不难回忆起他们曾有多少次靠勃然大怒使自己的威望失而复得。

有时,愤怒情有可原,但我们在此要考虑的不是这种情况。我们这里所谈的愤怒,指的是一种无时不在的、习以为常的和显明易见的反应。有的人愤怒成性,而且除此之外再无别的对付困难的办法。这类人通常都是些傲慢、极其敏感的人,他们无法容忍别人技高一筹或与之平分秋色,只有高居万人之上,他们才会快活。因此,他们总是时刻都睁大双眼,提防戒备,唯恐别人和他们靠得太近或对他们的评价不够高。与他们的敏感同时出现的常常是不信任感。他们发现自己难以相信任何人。

我们还可以发现另外一些与愤怒、敏感、疑心重密切相关的性格特征。可以想见,情况严重的话,那些特别野心勃勃的人,一心想超越所有人,以至于不敢面对任何艰难任务,乃至根本无法适应社会。如果不能得到某物,那他就只有一种反应的方式。他会愤怒地抗议,让周围的人感到非常痛苦。比如,他可能砸碎一面镜子,或毁坏一只昂贵的花瓶。事过之后,如果他道歉说当时并不知道自己在干些什么,我们很难相信他。他想要伤害身边人的欲望太明显了,因为他总找那些值钱的东西砸,从不在一文不值的东西上宣泄其愤怒。由此可见,他的一切行动都是有备而来。

虽然这种方法在小圈子里能行得通,但圈子一扩大,便不再灵验。因此,这些愤怒成性的人会发现自己时时事事都在与世界发生冲突。

人在愤怒时表现出来的外在态度人们已司空见惯,我们只需举出狂怒这样一种形式,就足以想象出一个性情暴躁者的所作所为。在他们身上,对世界的敌意显明可见,这种愤怒的情感几乎表现为一种对社会感的全盘否定,而对权力的追求也表现得淋漓尽致,甚至置对手于死地都是完全可以想象的。通过分析、解决日常生活中所观察到的种种情感、情绪问题,我们可以进一步提炼对人性的理解,因为这些问题乃是一个人性格的最明晰的指标。我们必须把所有性情暴躁、动辄发怒的人看作是社会的敌人、生活的敌人。我们必须再一次提请大家注意,他们的权力追求是基于其自卑感之上的。任何对自己能力有清醒认识的人,都没有必要表现出这种侵略性的暴烈行为和姿态。这是个不容忽略的事实。在愤怒的宣泄中,一切自卑感、优越感,统统显露无遗。这是一个廉价的把戏,是以别人的不幸为代价来抬高自己的身价。

酒精是愤怒或盛怒最重要的催化剂之一,很少量的一点酒精就足以将怒火点燃。众所周知,酒精会使文明的抑制作用失去功效或被弃置一旁。醉酒人的言谈举止显得他仿佛从未被教化过,他失去了自制力,也丧失了对他人的体贴考虑。未醉酒时,他可以将对人类的敌意掩藏起来,或以极大的努力克制住自己的敌对倾向;而一旦酒醉,便原形毕露。与生活不能保持和谐的人往往最容易嗜酒成癖,这绝不是一件偶然的事情。他们在

这麻醉剂中寻求安慰和忘却,同时也为自己寻找借口,为自己未能心遂所愿开脱责任。

儿童比成人更爱发脾气。有时区区一件小事就能使一名儿童大动肝火。这是由于儿童自卑感相对更强,因而追求权力的努力也表现得相对更明显。一个怒不可遏的儿童实际上是在努力要获得承认,因为他所遇到的一切障碍看起来都是那么异乎寻常的难,甚至完全不可逾越。

当愤怒超越了通常的骂骂咧咧或怒气冲冲的限度时,就会给当事人带来伤害。在此方面我们可以顺带讲一讲自杀。透过自杀,我们能发现一种意在伤害亲朋好友或家人父母的企图,同时也发现因遭遇挫折而产生的报复心理。

b. 忧伤

忧伤这种情感出现在个体因失去或被夺走某种东西而无法自慰的情况下。忧伤以及与之同时出现的其他情感是对不快感或软弱感的一种补偿,相当于意欲保住某种有利位置的企图。在这一方面,其价值与动肝火的价值类似,区别只在于它是另一些不同刺激的产物,有着不同的态度,使用的是不同的方法。与其他所有情感一样,忧伤中也有对优越的追求。愤愤不平的人追求的是贬低对手、抬高自己,他的愤怒指向的对象是敌手。而忧伤却是从精神前线的一种退缩,是随后以退为进,继而抬高和满足自己的前提条件。尽管与愤怒的情形有所不同,这种满足仍然是一种宣泄的途径,宣泄的对象是周围环境。忧伤者总是怨声不绝,通过抱怨,将自己摆在了与同伴对立的一面。虽然忧伤乃是人与生俱来的天性,但过分张扬的忧伤却是敌视社会的一种表现。

忧伤者之所以能获得优越感,是因为周围人对他们的态度。我们都知道,忧伤者很快便发现:由于别人总在同情和鼓励自己,竭尽全力让自己感觉幸福,自己的生活反而轻松了许多。如果缓解精神压力能够通过眼泪、哭泣和悲伤而获得成功,那么很明显,忧伤者只要把自己假装成为现存秩序的法官、批评者和原告,就可以轻易达到凌驾于周围环境之上的目的。这个原告越是向其环境提出要求,他所追求的也就愈加明显。忧伤居然成了一种无法拒绝的理由,成了周围邻人不容推卸的义务。

这种情感明显表现出了当事人掩盖弱点,渴望优越的努力过程,也暴露了他竭力保住自己地位、规避无助感和自卑感的企图。

c. 情感的滥用

从前谁也不知道情感和情绪的价值与意义,直到今天人们才发现情感的价值在于它是克服自卑感、抬高人格和获得认可的工具。表现情感的能力在精神生活中有着广泛的应用价值。儿童一旦发现靠大发雷霆、郁郁寡欢或伤心哭泣就能左右其环境,摆脱被忽略感,他就会反复地试着去支配其环境。这样一来,他很容易便陷入这样一种行为模式:用他那独有的情感反应来对那些最无足轻重的刺激做出回应。无论什么时候,只要符合他的要求,他就会使用他的情感。沉湎于情感是一种坏习惯,而且有时会发展成病态。如果这种情况发生在孩提时代,那么他成人以后就会经常性地滥用其情感。可以想象,他像操纵木偶一样玩弄着他的愤怒、忧伤以及其他所有情感。这种毫无价值并且往往讨人厌恶的特征使情感失去了它们真正的价值。每当这类个体不能得到某物,每当他人格的支配地位受到威胁

时，这种玩弄情感的倾向便会习惯性地出现。如果忧伤以号啕大哭的方式出现，就会使人感觉极不愉快，因为它使人觉得当事者在为自己打广告，在大肆渲染。我们都曾见过那种过火地做戏，竭力表现自己是多么悲痛欲绝的人。

这种滥用现象在与情感相关的生理反应方面也有所体现。我们都知道，有的怒不可遏的人能够使愤怒作用于他的消化系统而造成呕吐。此时，这种方法所表现的敌对态度更是昭然若揭。忧伤这种情感常伴随着拒绝进食的愿望，以致黯然神伤者确实会"衣带渐宽"，显现出一副"活脱脱的伤心相"。

这类滥用现象对我们来说绝非是件无足轻重的事，因为它触犯了他人的社会感。邻人们一旦对忧伤者表示出友好感情，他的伤痛便会骤然消逝。然而，有些个体压根不愿意终结自己的忧伤，因为只有这样他们才能得到邻人的友谊与同情，才能真切地感到人格被抬高的感觉。

虽然我们在不同程度上对他们表示同情，愤怒和忧伤都仍属于分离性的情感，不可能使人们的关系密切起来。由于这些情感伤害了社会感，因而使人们相互疏远。不错，忧伤最终的确可让人们合一，但却是非正常的合一，因为双方不存在相互的贡献。它歪曲了社会感，迟早注定会让对方成为付出更多的一方。

d. 厌恶

厌恶这种情感带有极大的分离成分，虽然它不像其他情感那么显而易见。从生理上讲，厌恶是由胃壁受到某种刺激引起的。然而，我们同样也看到人有把某些事物排挤或"呕吐"出精神生活范围之外的倾向和企图。这种情感的分离因素正是由此显现出来的。厌恶是反感嫌恶的一种姿态。与之伴随出现的愁眉苦脸意味着对环境的一种蔑视，意味着一种以破罐破摔的心态解决问题的思路。这种情感很容易被滥用来作为逃避不愉快局面的借口。刺激厌恶感非常容易，而厌恶感一旦产生，当事者便会迫不及待地想要逃离他所不喜欢的社交聚会。没有比厌恶感更能招之即来的情感了。通过特殊的训练以后，任何人都能获得随意厌恶的能力。这样，一种原本无害的情感变成了反社会的有力武器，成了逃避社会的十拿九稳的借口。

e. 恐惧与焦虑

焦虑是人类生活中最重要的现象之一。这种情感之所以变得错综复杂，是因为它不但是一种分离性的情感，而且还因为它和忧伤一样，能在当事人和同伴之间形成一种单方面的、来而不往的纽带关系。儿童因恐惧而躲开某一局面，结果却投入另一个人的保护之下。焦虑这种机制并不直接证明任何优越感——的确，它能证明的似乎只是失败。处在焦虑状态下时，一个人会尽其可能使自己显得渺小，而正是在这一点上，这种情感的分离性，即同时也渴求优越于他人的一面，才变得明朗起来。焦虑者急急逃到另一个人的保护之下，并企望靠这种办法来养精蓄锐，直至自己有能力迎击和战胜所面临的威胁。

从生理上讲，这是一种由来已久、盘根错节的情感，它反映出一种所有生物都与生俱来的原始恐惧。由于人生来就有的虚弱与不安全感，导致这种恐惧显得愈加突出。人对于生活中的种种障碍知之甚少，因此，儿童仅仅依靠自己的力量根本无法与生活达成和解。人必须借助他人，来补足自己所缺乏的东西。儿童一走进生活便感到了那诸多的障碍，生活的条件也开始对他产生影响。在为不安全感寻找补偿的过程中，他随时都有失

败的危险,结果使他形成了一种悲观的哲学。因此,他的支配型性格特征变成了一种向环境渴求扶助和关照的愿望。他越是躲避解决生活问题,就越变得谨慎小心。如果这类儿童被逼迫向前迈步,他们会在心中时时盘算如何撤退、逃跑。由于他们随时都在准备撤退,所以他们最常见、最显明的性格特征自然就是焦虑这种情感。

我们从这种情感的表达方式中看到了对抗的端倪,和模仿一样,这种对抗并不呈扩张性地发展,也不沿直线前进。当这种情感堕落成为病态时,我们也便可以毫无疑问地洞悉人类心理运行的机制。在这类情形中,我们清楚地感到,焦虑的人是多么渴望得到一只援助的手,多么渴望将另一个人拉到身边,成为自己可以依附的对象。

对这一现象的进一步研究把我们引向前文讨论焦虑这种性格特征时所做的探讨。我们所面对的是这样一种个体,他要求别人帮助他,需要别人无时无刻都关注他。实际上,这无异于一种主人和奴隶的关系,就仿佛为他提供帮助和支持是别人责无旁贷的义务。进一步的研究使我们发现,许多人一生都在要求得到特殊的承认,以至于完全丧失了独立精神(由于与生活接触不足和不正确),因此更以百倍的努力要求得到特权。不管他们如何渴望与众人为伍,其实都并没有多少社会感。但一表现出焦虑和恐惧,他们便能重新回到特权的宝座上。焦虑帮助他们逃避来自生活的苛刻要求,让周围的所有人都沦为自己的奴役。最后,焦虑渗入到他们日常生活的所有关系中,成为他们行使其支配权的一个最重要工具。

2. 连接性情感

a. 欢乐

欢乐是缩短人与人之间距离的桥梁。欢乐与隔离很难兼容。欢乐的表现反应在要寻找一个同伴，拥抱他，亲吻他，与他一起玩耍，并肩同行，一起分享欢乐。欢乐是一种连接性的态度，就好比向同伴伸出的一只手，好比从一个人身上传递给另一个人身上的温暖。所有连接性的因素都可在这种情感中看到。当然，我们这里所面对的也是渴望克服不满感、克服孤独感以获得一定程度优越感的人，而他们的行进路线也与上述的相同。事实上，欢乐很可能是征服困难的一种最好的表现方式。欢乐令人释怀，予人自由，与幸福形影不离，这也是我们了解这一情感的一把钥匙。它超越了个体人格的疆域，载满对他人的同情。

当然，即便是这种欢乐，也可能被滥用，以达到个人的目的。一位生怕被自己微不足道的感觉困扰的患者，在听到地震消息时反而流露出欢乐的神情。感到忧伤时，他常常觉得自己无能为力，因此他会刻意避开忧伤，寻求与之截然对立的另一种情感，即欢乐。滥用欢乐的另一种表现是对他人的痛苦幸灾乐祸。这种欢乐是在错误的时间、错误的地点所表现出来的欢乐，是对社会感的否定和摧毁，是一种分离性的情感，也是征服的工具。

b. 同情

同情是对社会感一种最纯粹的表达方式。只要在一个人的身上发现了同情，一般来讲，我们就可以肯定地认为他具有成熟的社会感，因为这种情感使我们得以判断一个人在多大程度上

能够使自己融于同伴之中。

也许比同情这种情感更为常见的是对它的习惯性滥用。这种滥用在于极力装出一副很有社会感的样子，但这种夸张正好说明它遭到了滥用。于是出现了这样一种人，他们蜂拥而至，奔向灾难发生现场，好让自己的名字出现在报纸上；他们并没做什么事情去帮助遭遇天灾人祸的人，却想为自己挣到一点名声。还有另外一些人，似乎特别热衷于探究他人的不幸。对那些视同情他人、乐善好施为己任的人，我们必须把他们和他们的行为分开来看，因为他们往往是在借此营造一种高人一等的感觉，假装是在帮助那些遭遇灾难的可怜人和穷人。深谙人性的拉罗什富科曾说过："朋友的不幸总能给我们带来一定程度的满足。"

把这种现象与我们对于悲剧的欣赏联系起来是错误的。据说，观看悲剧时，观众会感觉自己比台上的角色更崇高。但这对于绝大多数人来说并不适合，因为我们对悲剧的兴趣主要来自于加深自我认识、自我教育的愿望。我们并没有忘记事实上这只是一出戏，而我们只是利用戏中的事件和情节来帮助我们提升应对生活挑战的本领。

c. 谦逊

谦逊是一种同时具有连接性和分离性的情感。这种情感也是我们社会感结构的一部分，因而与我们的精神生活密不可分。没有这种情感，人类社会的发展进步就不可能。每当一个人的人格价值有可能跌落，每当一个人的自我评价有可能丧失时，就会产生这种情感。这种情感在人体上有带来强烈的生理反应，具体表现为毛细血管扩张；而毛细血管充血又进一步表现为面颊发红。通常人只是脸红，但也有人全身都会发红。

谦逊的一种外在表现便是畏缩的态度。这是一种想要与人隔离的姿态,与之相伴的是低落的情绪,一种随时准备从危险状况逃离的倾向。双目低垂、羞怯忸怩,这都是准备逃走的标志,这就明确地表明,谦逊是一种分离性情感。

与其他情感一样,谦逊也可能被滥用。有些人动辄就脸红,于是,这种分离性的特征毒化了他们与伙伴的所有关系。一旦遭如此滥用,那么,它作为一种分离性机制的本质也便昭然若揭了。

附　录

在我们看来，理解人性对每个人都必不可少，而研究这门科学，则是人类所有精神活动中最至关重要的一个方面。

1. 教育纵览

这里,让我们就前面曾几次提到的一个问题再补充讲几句。这个问题就是人在家庭、学校和生活中所受的教育对其心灵成长的影响。

毫无疑问,家庭中现行的教育在极大程度上助长了儿童对权力的追求和虚荣心的发展。在此方面,人人都可以从其经验中获取某些教训。诚然,家庭有着极大的优势,我们也想象不出还有什么比家庭更好的基本单元能使儿童受到更好的照料和教育。特别是在疾病问题上,家庭已被证明是维持人类社会的最好场所。如果父母都是良好的教育者,具备合适的能力和洞察力,能够在儿童发育问题刚刚露头的时候就发现它,并且能够通过适当的教育消灭这些错误,我们将不得不承认,在培养和保护健全的人格这方面,再没有比家庭更好的基本单元了。

然而不幸的是，父母既不是好的心理学家，又不一定是称职的教育者。在当今的家庭教育中，父母病态的私欲以形形色色的教育方式在发挥着作用。这种私欲要求自家的孩子受到特别的教育和培养，能够因其不同寻常的价值而得到另眼相看，甚至不惜以牺牲其他儿童为代价。因此，家庭教育犯下了从心理学角度讲最为严重的错误，因为它给孩子灌输的是错误的观点，让后者以为自己必须比别人优秀，因而也自以为比别人都高人一头。任何以父权为基础的家庭都摆脱不了这样的想法。

于是，悲剧拉开了序幕。对父权的推崇与人类的社会感很少能够兼容。它将诱使人们或公开或隐秘地反抗社会意识。而且这种反抗意识来得实在过早。权威性教育最大的弊端在于它给儿童树立了一个权力的典范，并让他目睹与拥有权力密切相关的种种享受。于是，每个儿童长大后都变得野心勃勃、贪求权力和过分虚荣；每个儿童都渴望独占高枝、受人尊重，并或迟或早会依样效法，像他在其环境中所见到的最有权力的人那样，要求其他人全都匍匐在自己脚下，毕恭毕敬，唯命是从。这些错误观念的结果，必然是对其父母以及整个世界的好战态度。

在占上风、求卓越的家庭教育影响下，儿童不可能对优越于他人这一目标视而不见。从特别喜欢假装"大人物"的很小的孩子身上，这点就表现得非常清楚；在以后的生活中，许多个体对其童年生活的有意识或无意识的记忆都表明，他们仍把整个世界当作自己的家庭来对待。这一观念一旦受挫，他们的第一反应往往就是逃离这个世界，因为这个世界在他们心目中早已变得面目可憎。

诚然，家庭也有利于社会感发展的一面。但是，由于权力追求的影响和家庭权威的存在，这种社会感只能发展到一定程度。寻求爱和温情的倾向最先始于与母亲的关系。也许这是儿童可能得到的最重要的体验，因为在此体验中，他意识到了另一个完全值得信赖的人的存在。他懂得了"我"与"你"的区别。尼采说："每个人都会以他和母亲的关系为基础来想象所爱之人的形象。"裴斯泰洛齐①也证明过，母亲是决定儿童与未来世界之关系的理想典范。与母亲的关系确实决定着他以后的一切活动。

母亲的功能就是发展儿童的社会感。我们在儿童身上发现的怪诞人格，都源自于他们与母亲的关系，而其人格的发展方向则是考察其母子关系的索引。只要母子关系存在扭曲，儿童的社会缺陷就不可避免。有两种错误是最为常见的：一种错误是由于母亲未能完成和实现她在培养孩子方面理应发挥的功能，因而儿童的社会感没能得到妥善发展。这种缺陷影响极大，并将由此引发一连串的不良后果。这样的儿童就像是在一个敌对环境中长大的陌生人。如果有人想要帮助这样的儿童，那么别无他法，只有重新扮演他母亲的角色，弥补他在成长过程中未能得到的一切。这是使他成为一个好同伴的唯一办法。第二种错误可能更经常出现，那就是，母亲虽然尽责发挥了她的功能，但却采取了过分夸张、过分强调的方式，以致儿童无法将他与母亲的关系转换成社会感。这样的母亲往往听任孩子将培养起来的情感全部倾注到她一个人身上，也就是说，这种儿童只对自己母亲感兴趣，而将世界的其余部分统统拒之于门外。毋庸置疑，这种儿童缺乏成为一个健全人的基础。

---

① 裴斯泰洛齐（1746—1827）是 19 世纪瑞士著名的教育家。——编辑注

除开与母亲的关系,还有许多其他因素在教育中扮演着重要的角色。充满幸福回忆的幼儿园生活能使儿童顺利地进入家庭之外的世界。如果我们能够意识到,儿童在人生开初那几个年头里有多少困难需要去克服、与世界达成妥协是多么艰难,认为孩提阶段是自己人生中一节快乐短章的孩子又是多么难得一遇,那么也就不难理解儿童的早年印象对他是多么重要。这些是决定他未来历程的路标。我们如果再想想,有些儿童一来到世间就体弱多病,他们所体验的都是痛苦与哀伤,很多孩子连一所可保障其快乐成长的幼儿园都没有,也就能清楚地理解,为什么绝大多数的儿童长大成人以后都不是生活与社会的朋友,也不具备在人类现实社会里如鲜花般盛开的社会感。此外,我们也必须客观、一分为二地看待错误的教育观对孩子的重大影响。严厉的权威教育完全可能扼杀儿童所有的生之乐趣。就好比假如清除了儿童道路上的所有障碍,使他如娇花般地在温室里成长,或者说"为他安排好了一切",那么,当他长大成人以后,一旦离开了四季如春的家庭氛围便很难顺利成长。

因此,我们看到,在家庭中,在我们的社会和文明里,教育并没起到其应有的作用,即培养孩子所需要的人类社会的可贵的伴侣关系或伙伴关系。教育所注重的只是培养其爱虚荣、野心以及提高个人地位的欲望而已。

那么,有没有可能来补偿儿童发展过程中的种种错误,并改善其生长环境呢?答案是学校。但仔细分析便会发现,就学校既存的形式来看,恐怕也不能胜任这项工作。今天几乎没一位教师敢于承认,他能够甄别儿童身上的错误,并能够在既有条件下纠正这些错误。他完全无力胜任此项工作。他所从事的不过是依样画虎,照本宣科,从未想到要去关心儿童的成长。此外,班上学生人数过多这一事实也进一步降低了教师履行职责、完成其教育使命的可能性。

就没有别的办法能纠正家庭教育的错误、弥补家庭教育的缺陷了吗?有人或许会说,生活便是他们所需要的课堂。但是,生活也有其自身的局限。生活本身并不能改变人,尽管有时它看似能改变。人的虚荣与野心不容许它这么做。不管一个人犯了多少错误,他都会要么将问题归咎于他人,要么哀叹自己生不逢时。我们很少看见有人在犯了错误,被生活撞得头破血流之后能够停下脚步去反躬自省。我们在前一章中对情感滥用的讨论便是这方面很好的证明。

生活本身不能给人带来根本性的变化。这从心理学角度讲很容易理解,因为生活面对的是人类这个业已定型的成品,每个人都有自己鲜明的目标,都在为追求权力而努力奋斗。正好相反,生活有时其实是最糟糕的老师。它不会替任何人着想,不会事先警告,不会给任何人教导;它只是无情地拒斥我们,听任我们自生自灭。

我们只能得出一个结论:唯一能改变人的是学校!学校或许有望实现这一职能,只要它不遭到滥用。到现在为止,学校的情形只是:某些个体将学校掌握在自己手中,使之成为满足他虚荣和野心的工具。今天我们常听到这样的叫嚣,说应该恢复学校旧有的权威。但那旧有的权威有没有造成过什么好的效果呢?一个事实证明有害无益的权威怎么一下子变成有价值的东西了呢?我们已目睹,在家庭这个条件相对有利的情况下,权威教育的唯一后果尚且是招致普遍的反抗,又怎能见得学校推行

这一教育的结果能更好呢？任何不是靠自己的内在价值自然而然获得承认，而是必须通过外力强加给我们的权威，都绝不是真正的权威。今天，太多的儿童来到学校时，心中想的都是，老师不过是国家的雇员而已。如果把权威强加给儿童，要想不招致不幸的后果，那是根本不可能的。权威不能依靠强加——而只能以社会感为其基础。学校是每个儿童精神发展过程中都必然要经历的一个场景。因此，它必须能够满足健康的精神成长的需求。只有当学校与孩子心理健康发展这一必要目标协调统一时，才可称之为一所好的学校。只有这样的学校，才能被认为是社会生活所必不可少的学校。

2. 结　　论

在本书中，我们力图阐明：人的心灵来自一种具有遗传性的物质，其功能既是生理的又是心理的。心灵的发展完全由社会影响决定。一方面，生命这个有机体的种种要求必须得到满足；另一方面，人类社会的种种需求也必须得到满足。正是在这样的背景之下，心灵得以正常发展，而这些条件，同时也体现了心灵发展的状态。

于是我们进一步考察研究了这种发展，讨论了知觉、回忆、情感、思维等感观功能，并最后考察了性格特征和情感的关系。我们已经阐明：所有这些现象之间均有着种种无形的纽带，它们一方面要受社会生活规则的支配；另一方面则受个人追求权力和优势地位的影响，继而以一种特殊的、富于个性的、独一无二的方式表现出来。我们也已经阐明，一个人对优越地位的追求是如何在其具体成长发育状况及社会感的共同作用之下形成了某种独特的性格特征。这些性格特征绝非来自遗传，而是为了适应其心理发育之初便已形成的种种风格而培养起来的，所有这一切，引导着他朝某一个共同目标前进，而这一目标始终存在，只是有人清楚地意识到了其存在，有的人没有明确意识到。

有些性格特征和情感对于理解一个人来说是极有价值的指标，我们对此进行了详细讨论，另一些相对次要的我们则一带而过。我们已经阐明：出于对权力的追求，每个人身上多少都表现出一定程度的野心和虚荣心。透过这些表现，我们可以清楚地观察到他对权力的追求，以及这种追求的具体方式。我们同时阐明了：过度膨胀的野心和虚荣心是如何阻碍了个体的正常发展。在这种情况下，社会感要么发展受挫，要么根本无法形成。受野心和虚荣心这两种性格特征干扰，不仅使社会感进化受到阻遏，而且还往往将那些充满权力欲的人引向自我毁灭。

在我们看来，精神发展的这个法则无可辩驳。它是一个最为重要的尺度，每一位渴望把握自己命运，不愿听凭神秘莫测的力量摆布的人，都要接受这一尺度的衡量。这些研究是事关人性科学的实验，除却这些研究，人性科学便无法发展传播。**在我们看来，理解人性对每个人都必不可少，而研究这门科学，则是人类所有精神活动中至关重要的一个方面。**

科学元典丛书

1	天体运行论	[波兰] 哥白尼
2	关于托勒密和哥白尼两大世界体系的对话	[意] 伽利略
3	心血运动论	[英] 威廉·哈维
4	薛定谔讲演录	[奥地利] 薛定谔
5	自然哲学之数学原理	[英] 牛顿
6	牛顿光学	[英] 牛顿
7	惠更斯光论（附《惠更斯评传》）	[荷兰] 惠更斯
8	怀疑的化学家	[英] 波义耳
9	化学哲学新体系	[英] 道尔顿
10	控制论	[美] 维纳
11	海陆的起源	[德] 魏格纳
12	物种起源（增订版）	[英] 达尔文
13	热的解析理论	[法] 傅立叶
14	化学基础论	[法] 拉瓦锡
15	笛卡儿几何	[法] 笛卡儿
16	狭义与广义相对论浅说	[美] 爱因斯坦
17	人类在自然界的位置（全译本）	[英] 赫胥黎
18	基因论	[美] 摩尔根
19	进化论与伦理学(全译本)(附《天演论》)	[英] 赫胥黎
20	从存在到演化	[比利时] 普里戈金
21	地质学原理	[英] 莱伊尔
22	人类的由来及性选择	[英] 达尔文
23	希尔伯特几何基础	[德] 希尔伯特
24	人类和动物的表情	[英] 达尔文
25	条件反射：动物高级神经活动	[俄] 巴甫洛夫
26	电磁通论	[英] 麦克斯韦
27	居里夫人文选	[法] 玛丽·居里
28	计算机与人脑	[美] 冯·诺伊曼
29	人有人的用处——控制论与社会	[美] 维纳
30	李比希文选	[德] 李比希
31	世界的和谐	[德] 开普勒
32	遗传学经典文选	[奥地利] 孟德尔 等
33	德布罗意文选	[法] 德布罗意
34	行为主义	[美] 华生
35	人类与动物心理学讲义	[德] 冯特
36	心理学原理	[美] 詹姆斯
37	大脑两半球机能讲义	[俄] 巴甫洛夫
38	相对论的意义：爱因斯坦在普林斯顿大学的演讲	[美] 爱因斯坦
39	关于两门新科学的对谈	[意] 伽利略
40	玻尔讲演录	[丹麦] 玻尔
41	动物和植物在家养下的变异	[英] 达尔文
42	攀援植物的运动和习性	[英] 达尔文
43	食虫植物	[英] 达尔文

44	宇宙发展史概论	[德] 康德
45	兰科植物的受精	[英] 达尔文
46	星云世界	[美] 哈勃
47	费米讲演录	[美] 费米
48	宇宙体系	[英] 牛顿
49	对称	[德] 外尔
50	植物的运动本领	[英] 达尔文
51	博弈论与经济行为（60周年纪念版）	[美] 冯·诺伊曼 摩根斯坦
52	生命是什么（附《我的世界观》）	[奥地利] 薛定谔
53	同种植物的不同花型	[英] 达尔文
54	生命的奇迹	[德] 海克尔
55	阿基米德经典著作集	[古希腊] 阿基米德
56	性心理学、性教育与性道德	[英] 霭理士
57	宇宙之谜	[德] 海克尔
58	植物界异花和自花受精的效果	[英] 达尔文
59	盖伦经典著作选	[古罗马] 盖伦
60	超穷数理论基础（茹尔丹 齐民友 注释）	[德] 康托
61	宇宙（第一卷）	[德] 亚历山大·洪堡
62	圆锥曲线论	[古希腊] 阿波罗尼奥斯
63	几何原本	[古希腊] 欧几里得
64	莱布尼兹微积分	[德] 莱布尼兹
	化学键的本质	[美] 鲍林

科学元典丛书（彩图珍藏版）

自然哲学之数学原理（彩图珍藏版）	[英] 牛顿
物种起源（彩图珍藏版）（附《进化论的十大猜想》）	[英] 达尔文
狭义与广义相对论浅说（彩图珍藏版）	[美] 爱因斯坦
关于两门新科学的对话（彩图珍藏版）	[意] 伽利略
海陆的起源（彩图珍藏版）	[德] 魏格纳

科学元典丛书（学生版）

1	天体运行论（学生版）	[波兰] 哥白尼
2	关于两门新科学的对话（学生版）	[意] 伽利略
3	笛卡儿几何（学生版）	[法] 笛卡儿
4	自然哲学之数学原理（学生版）	[英] 牛顿
5	化学基础论（学生版）	[法] 拉瓦锡
6	物种起源（学生版）	[英] 达尔文
7	基因论（学生版）	[美] 摩尔根
8	居里夫人文选（学生版）	[法] 玛丽·居里
9	狭义与广义相对论浅说（学生版）	[美] 爱因斯坦
10	海陆的起源（学生版）	[德] 魏格纳
11	生命是什么（学生版）	[奥地利] 薛定谔
12	化学键的本质（学生版）	[美] 鲍林
13	计算机与人脑（学生版）	[美] 冯·诺伊曼
14	从存在到演化（学生版）	[比利时] 普里戈金
15	九章算术（学生版）	〔汉〕张苍 耿寿昌
16	几何原本（学生版）	[古希腊] 欧几里得

全新改版·华美精装·大字彩图·书房必藏

科学元典丛书，销量超过 100 万册！

——你收藏的不仅仅是"纸"的艺术品，更是两千年人类文明史！

科学元典丛书（彩图珍藏版）除了沿袭丛书之前的优势和特色之外，还新增了三大亮点：
① 每一本都增加了数百幅插图。
② 每一本都增加了专家的"音频+视频+图文"导读。
③ 装帧设计全面升级，更典雅、更值得收藏。

名作名译·名家导读

《物种起源》由舒德干教授领衔翻译，他是中国科学院院士，国家自然科学奖一等奖获得者，西北大学早期生命研究所所长，西北大学博物馆馆长。2015年，舒德干教授重走达尔文航路，以高级科学顾问身份前往加拉帕戈斯群岛考察，幸运地目睹了达尔文在《物种起源》中描述的部分生物和进化证据。本书也由他亲自"音频+视频+图文"导读。附录还收入了他撰写的《进化论的十大猜想》，既高屋建瓴又通俗易懂地阐述了进化论发展的未来之路，令人耳目一新，豁然开朗。

《自然哲学之数学原理》译者王克迪，系北京大学博士，中共中央党校教授、现代科学技术与科技哲学教研室主任。在英伦访学期间，曾多次寻访牛顿生活、学习和工作过的圣迹，对牛顿的思想有深入的研究。本书亦由他亲自"音频+视频+图文"导读。

《狭义与广义相对论浅说》译者杨润殷先生是著名学者、翻译家，天津师范大学外国语学院教授。校译者胡刚复（1892—1966）是中国近代物理学奠基人之一，著名的物理学家、教育家。本书由中国科学院李醒民教授撰写导读，中国科学院自然科学史研究所方在庆研究员"音频+视频"导读。

科学的旅程
（珍藏版）

雷·斯潘根贝格　戴安娜·莫泽 著
郭奕玲　陈蓉霞　沈慧君 译

第二届中国出版政府奖（提名奖）
第三届中华优秀出版物奖（提名奖）
第五届国家图书馆文津图书奖第一名
中国大学出版社图书奖第九届优秀畅销
　书奖一等奖
2009年度全行业优秀畅销品种
2009年影响教师的100本图书
2009年度最值得一读的30本好书

2009年度引进版科技类优秀图书奖
第二届（2010年）百种优秀青春读物
第六届吴大猷科学普及著作奖佳作奖
　（中国台湾）
第二届"中国科普作家协会优秀科普作
　品奖"优秀奖
2012年全国优秀科普作品
2013年度教师喜爱的100本书

物理学之美
（插图珍藏版）

杨建邺 著

500幅珍贵历史图片；震撼宇宙的思想之美

著名物理学家杨振宁作序推荐；
获北京市科协科普创作基金资助。

九堂简短有趣的通识课，带你倾听科学与诗的对话，重访物理学史上那些美丽的瞬间，接近最真实的科学史。

第六届吴大猷科学普及著作奖
2012年全国优秀科普作品奖
第六届北京市优秀科普作品奖